新编高等院校计算机科学与技术规划教材

# 实用 Java 语言程序设计
## ——基于 Eclipse

李 利　邵秀凤　编著

北京邮电大学出版社
·北京·

## 内 容 摘 要

本书强调可读性和实用性，丰富鲜活的实例、深入浅出的讲解，帮助读者快速理解相关知识点，有效提升实际开发技能。本书共分 11 章，主要内容包括 Java 的背景，Java 基本语法，Java 的类、对象、包、继承、访问权限、接口等面向对象的知识，Java Applet，Swing 组件，Java 数据库连接，Java 的输入和输出类，多线程机制，Java 网络基础等内容。

本书内容丰富，结构完整，通俗易懂，既可以作为高等院校相关专业的教材，也适合自学者和软件开发人员参考使用。

本书所配的电子教案和实例源代码均可从北京邮电大学出版社的网站上下载，网址为：http://buptpress.com/xzzx.asp。

#### 图书在版编目（CIP）数据

实用 Java 语言程序设计：基于 Eclipse / 李利，邵秀凤编著. -- 北京：北京邮电大学出版社，2009（2020.1 重印）

ISBN 978-7-5635-2045-9

Ⅰ．实⋯ Ⅱ．①李⋯②邵⋯ Ⅲ．JAVA 语言－程序设计 Ⅳ．TP312

中国版本图书馆 CIP 数据核字（2009）第 119607 号

---

| | |
|---|---|
| 书　　　名： | 实用 Java 语言程序设计——基于 Eclipse |
| 作　　　者： | 李　利　邵秀凤 |
| 责任编辑： | 李欣一 |
| 出版发行： | 北京邮电大学出版社 |
| 社　　　址： | 北京市海淀区西土城路 10 号(100876) |
| 发　行　部： | 电话：010-62282185　传真：010-62283578 |
| E-mail： | publish@bupt.edu.cn |
| 经　　　销： | 各地新华书店 |
| 印　　　刷： | 北京九州迅驰传媒文化有限公司 |
| 开　　　本： | 787 mm×1 092 mm　1/16 |
| 印　　　张： | 17.75 |
| 字　　　数： | 439 千字 |
| 版　　　次： | 2009 年 8 月第 1 版　2020 年 1 月第 5 次印刷 |

---

ISBN 978-7-5635-2045-9　　　　　　　　　　　　　　　　　　　　定价：30.00 元

·如有印装质量问题请与北京邮电大学出版社营销中心联系·

# 前　言

Java 是一种很优秀的编程语言，具有面向对象、平台无关、安全、多线程等特点，不仅可以用来开发大型的应用程序，在小型微型设备、Internet 应用等领域也广泛使用。Java 已经成为当今时代最重要的编程语言之一。

Eclipse 作为一个优秀的集成开发环境，具有开源、资源占用低、不需安装、上手容易、可扩展性强等特点，使 Eclipse 成为 Java 教学和实际工作中的优选。本书结合 Eclipse 开发环境，深入浅出地介绍 Java 语言的相关知识，并在各个环节列举了鲜活的实例，有很强的可读性和实用性。

本书共分 11 章，分别介绍了 Java 的背景，Java 基本语法，Java 的类、对象、包、继承、访问权限、接口等面向对象的知识，Java Applet，Swing 组件，Java 数据库连接，Java 的输入和输出类，多线程机制，Java 网络基础等内容。

第 1 章是 Java 入门，介绍了 Java 语言的诞生背景、所处地位、编译环境、应用领域以及如何进行程序编写等。第 2 章是 Java 基本语法。首先介绍标识符、关键字和数据类型，然后对运算符、表达式和语句作全面讲述。第 3 章至第 5 章介绍了类、对象、包、继承等 Java 面向对象的基础知识，结合实例作全面介绍，易于理解。第 6 章介绍了 Java Applet，讲述了 Java Applet 的运行原理，然后介绍了 Applet 的常用方法。第 7 章介绍了 Swing 组件及事件处理，从简单到复杂地以多个实例为主线，将窗口、菜单、文本框、文本区、标签、按钮、布局管理器、选择框、下拉列表、对话框等内容应用其中。第 8 章是 Java 数据库连接（JDBC）部分，考虑到 Java 与数据库连接的重要性，在此章中先分别讲述 JDBC 的各步骤和各种类型，然后结合实例给出一个综合的管理信息系统。第 9 章是 Java 输入输出流部分，重点介绍几种常用的输入和输出类。第 10 章是 Java 多线程机制，多线程是 Java 的一个重要特性和优点，此章首先介绍用 Thread 类的子类创建线程，然后介绍实现 Runnable 接口创建线程，最后介绍线程的常用方法和使用环境。第 11 章是 Java 网络基础。拥有"网络世界语"美称的 Java 语言，在网络编程应用中有很广泛的应用。此章介绍如何使用 URL、读取 URL 资源，Socket 通信原理和具体实现等。

　　本书凝聚了作者多年的教学和项目开发经验，内容丰富，结构完整，深入浅出，通俗易懂，可读性、可操作性较强。希望读者在学习本教材后，结合本书中系统的设计思路，自己能够设计和开发一个小型的软件系统。

　　本书不仅可以作为高校学生学习 Java 的教材，还可以作为软件开发人员学习 Java 技术的参考。本书所配的电子教案和实例源代码均可从北京邮电大学出版社的网站上下载，网址为：http://buptpress.com/xzzx.asp。

　　本书由李利、邵秀凤担任主编，各章编写分工如下：第 1 章、第 3 章、第 4 章、第 6 章由李利编写，第 2 章由孙丽编写，第 5 章由刘雪梅、叶春蕾编写，第 7 章、第 8 章、第 11 章由邵秀凤编写，第 9 章由刘雪梅、孙丽编写，第 10 章由张利峰编写，本书的配套练习由孙丽负责设计。全书由李利审核、修改。

　　由于作者知识水平有限，因此对于本书的错误和不足之处在所难免，敬请同行和读者批评指正。

编　者

# 目　　录

**第 1 章　初识 Java**

1.1　Java 如何诞生的？ ········································································· 1
1.2　Java 流行吗？我要学吗？ ································································ 1
1.3　什么原因使 Java 在网络时代大行其道？ ··········································· 2
1.4　如何在 JDK 环境下编写和运行 Java Application？ ····························· 3
1.5　如何在 JDK 下编写和运行 Java Applet？ ·········································· 8
1.6　Java 集成开发环境 Eclipse ······························································ 9
1.7　上机指导 ···················································································· 11

**第 2 章　Java 基本语法**

2.1　标识符 ······················································································· 17
2.2　关键字 ······················································································· 17
2.3　基本数据类型 ············································································· 18
　　2.3.1　逻辑型 ············································································· 18
　　2.3.2　整数型 ············································································· 18
　　2.3.3　浮点型 ············································································· 19
　　2.3.4　字符型 ············································································· 19
　　2.3.5　基本数据类型的转换和练习 ··············································· 19
2.4　数组和字符串 ············································································· 20
　　2.4.1　声明数组 ········································································· 20
　　2.4.2　创建数组 ········································································· 20
　　2.4.3　使用数组 ········································································· 21
　　2.4.4　字符串（String） ······························································ 21
2.5　运算符和表达式 ········································································· 22
　　2.5.1　算术运算符 ······································································ 22
　　2.5.2　关系运算符 ······································································ 23
　　2.5.3　逻辑运算符 ······································································ 24
　　2.5.4　赋值运算符 ······································································ 24
　　2.5.5　字符串连接运算符 ···························································· 24
2.6　语句 ·························································································· 25
　　2.6.1　if 语句 ············································································· 25

1

2.6.2　switch 语句 29
2.6.3　for 语句 30
2.6.4　while 和 do-while 语句 31
2.6.5　break 和 continue 语句 32
2.7　注释 33
2.8　上机练习 34
2.9　参考答案 34

## 第3章　类和对象

3.1　类 37
3.2　成员变量和局部变量 39
3.3　方法重载 42
3.4　构造方法 43
3.5　对象 45
　3.5.1　创建对象 46
　3.5.2　使用对象 47
3.6　实例变量和类变量 48
3.7　上机练习 49
3.8　参考答案 50

## 第4章　包、继承和访问权限

4.1　包 52
　4.1.1　package 语句 52
　4.1.2　import 语句 52
4.2　继承 56
4.3　访问权限 56
　4.3.1　private 57
　4.3.2　public 57
　4.3.3　protected 58
　4.3.4　默认的 60
　4.3.5　总结 61
4.4　上机练习 61
4.5　参考答案 61

## 第5章　接口和一些关键字

5.1　super 关键字 66
　5.1.1　super 关键字第一种用法 66
　5.1.2　super 关键字第二种用法 68
5.2　final 关键字 69

- 5.2.1 final 放在类前面 ··· 69
- 5.2.2 final 放在属性前面 ··· 69
- 5.2.3 final 放在方法前面 ··· 69
- 5.3 接口 ··· 69
  - 5.3.1 接口定义 ··· 70
  - 5.3.2 接口被实现 ··· 70
  - 5.3.3 接口的特性 ··· 71
- 5.4 异常处理 ··· 72
  - 5.4.1 异常类型及结构 ··· 72
  - 5.4.2 try-catch 语句 ··· 73
  - 5.4.3 finally 语句 ··· 74
  - 5.4.4 throw 语句 ··· 76
  - 5.4.5 throws 语句 ··· 76
- 5.5 上机练习 ··· 77
- 5.6 参考答案 ··· 77

## 第 6 章 Java Applet

- 6.1 Applet 常用方法 ··· 79
  - 6.1.1 Applet 生命周期 ··· 79
  - 6.1.2 Applet 的 paint 和 repaint 方法 ··· 81
- 6.2 Applet 中的图像处理 ··· 83
  - 6.2.1 图像种类 ··· 83
  - 6.2.2 图像显示和缩放 ··· 84
  - 6.2.3 动画播放 ··· 85
- 6.3 Applet 中的声音处理 ··· 87
- 6.4 Applet 中的鼠标事件处理 ··· 89
- 6.5 Applet 中的键盘事件处理 ··· 94
- 6.6 上机练习 ··· 97
- 6.7 参考答案 ··· 98

## 第 7 章 Swing 组件及事件处理

- 7.1 Swing 入门 ··· 111
- 7.2 Swing 的几个重要类 ··· 112
  - 7.2.1 JFrame ··· 112
  - 7.2.2 JDialog ··· 113
  - 7.2.3 JComponent ··· 115
- 7.3 面板容器组件 ··· 115
  - 7.3.1 JPanel ··· 115
  - 7.3.2 JScrollPane ··· 117

## 7.4 布局 ... 117
### 7.4.1 FlowLayout ... 117
### 7.4.2 GridLayout ... 119
### 7.4.3 BorderLayout ... 120
### 7.4.4 BoxLayout ... 121
## 7.5 Swing 基本组件 ... 122
### 7.5.1 JLabel ... 122
### 7.5.2 JButton ... 124
### 7.5.3 JCheckBox ... 126
### 7.5.4 JRadioButton ... 129
### 7.5.5 JComboBox ... 131
### 7.5.6 JTextField ... 134
### 7.5.7 JTextArea ... 136
### 7.5.8 JPasswordField ... 138
### 7.5.9 JTable ... 140
## 7.6 菜单组件 ... 142
### 7.6.1 JMenuBar ... 143
### 7.6.2 JMenu ... 143
### 7.6.3 JMenuItem ... 143
### 7.6.4 JPopupMenu ... 145
## 7.7 用 Swing 设计一个界面 ... 146
## 7.8 上机练习 ... 148
## 7.9 参考答案 ... 149

# 第 8 章 Java 数据库连接

## 8.1 JDBC 概述 ... 152
## 8.2 JDBC-ODBC 编程 ... 155
## 8.3 JDBC-ODBC 访问数据库 ... 156
### 8.3.1 JDBC 访问 Access 数据库 ... 156
### 8.3.2 JDBC-ODBC 访问 SQL Server 数据库 ... 158
## 8.4 开发一个小型的数据库管理系统 ... 160
### 8.4.1 可行性分析和需求分析 ... 160
### 8.4.2 系统功能结构图 ... 161
### 8.4.3 数据库设计 ... 161
### 8.4.4 系统的设计和代码实现 ... 163
## 8.5 上机练习 ... 227
## 8.6 参考答案 ... 227

# 第 9 章 Java 的输入和输出类

- 9.1 面向字节型的流类 230
  - 9.1.1 DataInputStream 类和 DataOutputStream 类 231
  - 9.1.2 BufferedInputStream 类和 BufferedOutputStream 类 233
- 9.2 面向字符型的流类 235
  - 9.2.1 BufferedReader 类和 BufferedWriter 类 235
  - 9.2.2 PrintWriter 类 238
- 9.3 上机练习 239
- 9.4 参考答案 239

# 第 10 章 多线程机制

- 10.1 多线程 242
  - 10.1.1 线程的概念 242
  - 10.1.2 线程类 243
- 10.2 线程的状态 245
- 10.3 多线程的实现 245
- 10.4 线程同步 252
- 10.5 上机练习 253
- 10.6 参考答案 253

# 第 11 章 Java 网络基础

- 11.1 URL 类与 URLConnection 类 257
  - 11.1.1 URL 类 257
  - 11.1.2 URLConnection 类 260
- 11.2 Socket 通信 262
  - 11.2.1 Socket 通信流程 262
  - 11.2.2 Socket 类 263
  - 11.2.3 ServerSocket 类 265
- 11.3 上机练习 266
- 11.4 参考答案 266

参考文献 272

# 第1章 初识Java

## 1.1 Java如何诞生的？

1991年4月，Sun公司成立了一个名为Green Team的小组，目标是开发一种分布式系统机构，希望能在消费类电子产品平台上执行，以开拓消费类电子产品市场。不同电子产品的设计者是从不同的方面来考虑的，这些电子产品的硬件平台、操作系统和应用软件都不一样，怎么才能实现让它们之间协同工作呢？安全性、可靠性、网络问题怎么解决呢？

他们尝试了很多种语言，都不能够解决问题，没办法，工程师们打算自己开发一种简单的、现代的新语言，这种语言诞生时就肩负有简单、跨平台、安全性强的使命，它也确实做到了这些。刚开始，该小组想用oak（橡树）去注册商标，却发现已经有另外的公司先用了oak这个名字了，那要取个什么新名字呢？工程师们边喝着咖啡边讨论着，看到手中的咖啡，突然灵机一动，就叫Java好了，希望全世界使用Java的人都能够像享受咖啡一样享受Java带来的美好生活。

毕竟，咖啡闻起来很香，但本身是苦的，只有不嫌弃这点苦，才能品尝到真味道。不知道你是不是第一次品尝咖啡就会喜欢上它？还记得你第一次喝酸奶？或者吃臭豆腐？最开始的接触可能并不愉快，但是当你慢慢熟悉了它们，接受了它们独特的味道后，对它们的欣赏和喜爱不可替代。Java也一样，学习过程是艰苦的，要想在Java技术上有所造诣，需要努力和汗水，但希望就在正前方。

不过，也不必把本书看成是古板的教程。我们会用直白的语言、鲜活的案例帮助你学得更简单更好。

注：印度尼西亚有一个名叫Java的岛屿，是早期印度–爪哇文化的中心，盛产具有优良品质、味道微酸的阿拉比卡咖啡。然而在计算机业界中，一提起Java，人们的神经细胞就会立即兴奋起来，因为Sun的技术实在火得不得了！

## 1.2 Java流行吗？我要学吗？

看一组数字吧，上小学时老师就告诉过我们：数字是最能说明问题的。

1996年JDK1.0正式发布。

1997年2月JDK1.1发布，到1998年其下载人数超过200万。

1998年12月发布JDK1.2，即Java 2平台。

1999 年 J2EE 发布，至 2002 年下载人数超过 200 万。

2003 年全球有约 5.5 亿个桌面系统应用了 Java 技术，有 75%的专业开发者使用 Java 编程语言。

2005 年 Java 技术诞生 10 周年。Java.com 网站每月的访问人数超过 1 200 万。450 万名开发者在使用 Java 语言，比上一年增加 12%。25 亿台设备使用 Java 技术，比上一年增加 42%。7 亿台手机和其他手持设备内嵌了 Java 技术，比上一年增加 23%。使用 Java 技术的智能卡超过 10 亿张，比上一年增加 67%。7 亿台 PC 运行 Java 程序，比前一年增加 8%。

……

后来的万、亿等数字可能已经让人没概念了，数字太大，超出感受范围了。在这短暂的十几年里，Java 造就了一个平台、一个社群，乃至一个生态系统，软件厂商、开源项目、程序员都在这个生态系统中共同进步。打开几个常看的招聘网站吧，在计算机类下输入"Java"试试，成批的、求贤若渴的公司令人目不暇接。无论是高校的计算机专业还是 IT 培训学校，都将 Java 作为主要的教学内容之一！还等什么，快开始学呀！

## 1.3 什么原因使 Java 在网络时代大行其道？

互联网以迅雷不及掩耳之势向全球每个角落扩张，在网上，可以寄信、聊天、下棋、打电话、发短信、看电影、购物、订票、玩游戏、查信息、做生意、读小说、看最新的报纸、发表文章或看法等。互联网的迅猛发展和勃勃生机是大家公认的了，可是讲 Java 为什么要提互联网呢？因为正是网络成就了 Java，网络时代最重要的语言之一——Java，伴随着网络而迅速发展，魅力无限！

**1. 魅力无穷的奥秘**

革命性编程语言：Write once, run anywhere!（一次写成，处处可用。）传统软件与具体的操作系统平台相关，一旦环境发生变化就需要对软件做很多改动，耗时费力，而 Java 编写的软件能在 Java 虚拟机（Java Virtual Machine，JVM）上兼容。只要计算机提供了 Java 运行环境（Java Runtime Environment，JRE），Java 编写的软件就能在其上运行，也就是说，Java 程序可以运行在所有支持 JVM 的电子设备上（注意，不仅仅是个人电脑，还包括手机、PDA、信息家电等）。Java 有"网络世界语"的美称！用一个大白话的比喻：用其他语言编写的软件代表一个只会汉语的中国人，在中国生活得很顺利，你理解别人的意思，别人理解你的表达。但是这个中国人到了德国，就不能和德国人沟通，生活起来很困难，甚至不能生活，就好比你的软件安装到了另一个操作系统下。用 Java 编写的程序就好像一个会英语的中国人，到了德国，虽然他不会德语，但是因为他会英语，而英语在很多国家普遍使用，很多德国人都会英语，他仍然可以与人沟通和很好地生活。到了印度，虽然他不会说印度语，但是印度也有很多人会说英语，他也能生活。通过这样的中间语言转换，实现了交流，实现了在不同环境下 Java 编写的程序能够正常运行。

注：世界语是波兰医生柴门霍夫博士创立的一种语言，他希望人类借助这种语言，达到民族间相互理解，消除仇恨和战争，实现平等、博爱的人类大家庭。但是它的推广遇到了一些困难，而现在英语在相当程度上扮演着世界语的角色。

**2. Java 的其他优秀品质**

（1）简单易用。Java 编程语言既易学又好用。但不要将简单误解为这门编程语言很干瘪。你可能会赞同这样的观点：英语比阿拉伯语容易学，但并不意味着英语不能表达丰富的内容和深刻的思想，许多诺贝尔文学奖的作品都是用英语写的；也就是说英语比阿拉伯语简单但并不单调。能够表达同样的含义，语言越简单易学就越好。举个例子吧，还记得 C 语言里那个让人头晕的指针和极易出错的内存管理吗？不用担心，Java 语言已经把它去掉了。而且，Java 中只有 48 个关键字，明显少于大多数语言。

（2）面向对象。面向对象是迄今为止最成功的编程机制，是较为先进的思维方式，更符合人的思维模式，从而更适于掌握和分析问题，用其写出的程序易理解、更健壮。面向对象的学习曲线较为陡峭，所以，如果你已经掌握了其他面向对象的语言，学习 Java 便会轻松很多，否则还是需要下一番工夫的。如果你没有接触过面向对象，也不要着急，我们将会在第 3 章详细讲述。不过，千万不要知难而退跳过这个重要环节。学习 Java 语法不难，但写出地道的面向对象代码，需要相当的时间来学习。

（3）安全。随着计算机（尤其是因特网）技术的发展，安全性攻击正在变得越来越成熟和频繁。无论是来自内部或外部的攻击都会带来巨大损失，某些攻击会使软件公司对损失承担赔偿责任。Java 语言诞生得很晚，在那个年代，安全性已经是一个重要的话题，所以 Java 平台的基本语言和库扩展都提供了用于编写安全应用程序的极佳基础。例如，对于 Applet 程序，可以限制 Applet 对磁盘空间的读或写，或者可以授权它仅从特定目录读数据。再比如从 Java1.1 问世以来，Java 就有了数字签名类的概念。

（4）多线程。多线程能够带来更好的交互响应和实时性，大大提高了运行的效率和处理能力。如果你使用过其他编程语言来开发多线程程序，那么一定会对 Java 多线程处理的便捷性惊叹不已。在底层，各主流平台的线程实现机制各不相同，用 Java，不需要花费很多力气就可以实现对它们的平台无关性。Java 多线程实现的简单性是 Java 成为颇具魅力的服务器端开发语言的主要原因之一。

Java 所具有的可移植性、动态性、解释执行性等其他特性现在暂时不讲，因为你还没有学会这门语言，对它的特性自然也不能深入理解，等对它有了一定的掌握后，可以参考很多相关资料来细品 Java 的这些妙处。

## 1.4 如何在 JDK 环境下编写和运行 Java Application？

**1. Java 三种平台简介**

Java 的发明者 Sun 公司免费发行了 Java 基本开发工具（Java 平台），这些软件可以在 Sun 公司的网站 http://java.sun.com 上免费获取。目前 Java 运行平台主要分为 3 个版本。

（1）J2SE（Java 2 Standard Edition）：这是 Java 标准版，利用该平台可以开发 Java 桌面应用程序和低端的服务器应用程序，也是很多初学者最先接触到的平台。该版本包括两个主要产品，即 Java 运行环境（Java Runtime Environment，JRE）和 Java 开发工具（Java Development Kit，JDK）。本书也是基于此平台作的讲解。

（2）J2EE（Java 2 Enterprise Edition）：被称为 Java 企业版，使用它可以构建企业级的

服务应用，J2EE 平台包含了 J2SE 平台，并增加了附加类库，以便支持目录管理、交易管理和企业级消息处理等。

（3）J2ME（Java 2 Micro Edition）：被称为 Java 微型版，是一种很小的 Java 运行环境，主要用于嵌入式设备的开发中，如移动电话、掌上电脑或其他无线设备等。

**2．安装 J2SE 平台**

使用 Java 开发程序的第一步，就是安装 JDK。JDK 是 Java 开发工具包的简称，Sun 公司将 JDK1.2 以后版本通称为 Java 2。JDK 的另外一个称呼是 J2SDK（Java 2 Software Development Kit），J2SDK 是开发 Java 程序的基础。可以在 Sun 公司的网站 http://java.sun.com/javase/downloads/index.jsp 上根据不同的操作系统平台免费下载相应的 JDK，如图 1.1 所示。本书将以 Windows 平台为例。

图 1.1　JDK 下载页面

单击图 1.1 中"JDK6 Update 11"右边的"Download"按钮，进入如图 1.2 所示页面。单击图 1.2 界面中的"Continue"按钮，进入如图 1.3 所示页面。

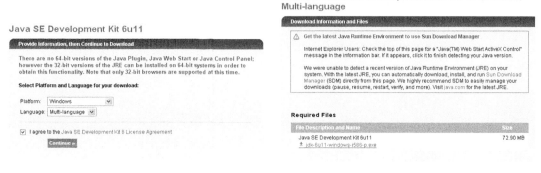

图 1.2　选择平台和语言　　　　　　　　图 1.3　下载 JDK 文件

单击图 1.3 界面中的"jdk-6u11-windows-i586-p.exe"，就可以下载笔者写稿时最新版的 JDK 了。

双击后运行安装程序,进入如图 1.4、图 1.5 所示页面。

图 1.4　JDK 安装向导　　　　　　　　　图 1.5　选择许可证协议

在图 1.5 页面中,单击"接受"按钮,继续安装。可以不做任何修改,每次单击"下一步",就安装在默认的路径 C:\Program Files\Java\jdk1.6.0_11 下;也可以在图 1.6 安装界面时,选择一个希望的安装路径。

选择好安装路径后,每次单击"下一步",即可完成安装,如图 1.7 所示。

图 1.6　选择安装路径　　　　　　　　　图 1.7　JDK 安装完毕

注:在安装 JDK 的过程中,也包含了 JRE 的安装,JRE 就是经常所说的 Java 运行环境。

当 JDK 安装好以后,JDK 平台提供的 Java 编译器(javac.exe)和 Java 解释器(java.exe)将被放于 Java 安装目录的 bin 文件夹中(可以打开所安装目录的 bin 文件看到)。为了能在任何目录中使用编译器和解释器,应在系统特性中设置 Path。具体的设置方法为:在 Windows 2000、Windows 2003、Windows XP 系统中,右键单击"我的电脑",在弹出的快捷菜单中,选择"属性"命令,弹出"系统属性"对话框,再单击该对话框中的"高级"选项,然后单击"环境变量",弹出如图 1.8 所示页面。

在"系统变量"的 Path 变量中输入"C:\Program Files\Java\jdk1.6.0_11\bin;"(注:在哪里安装的 JDK,就输入哪个路径,后面加上"\bin;"),如图 1.9 所示。

接下来,就可以编写 Java 程序了。

**3. 写源程序**

打开"记事本",如图 1.10 所示编写程序,写完后以 HelloWorld.java 文件名保存程序到硬盘上的某个位置,例如放在 D:\myJava 下,如图 1.11 所示。

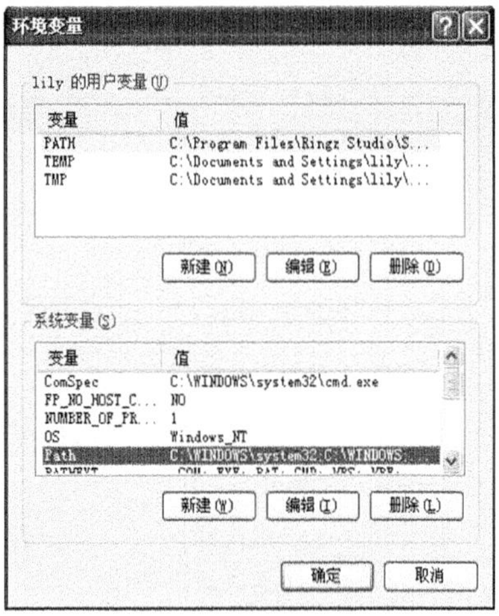

图1.8 "环境变量"页面　　　　　图1.9 "编辑系统变量"对话框

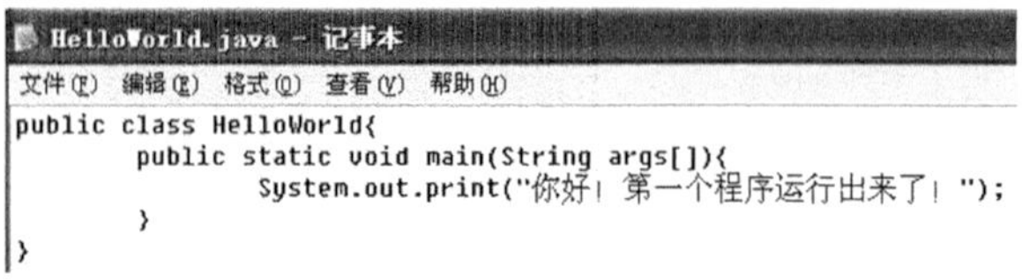

图1.10 程序源码

图1.11 存盘

文件名记得要写的和图中（HelloWorld.java）一样！

如果你的源程序 class HelloWorld{这一句和这里写的不一样，文件名就要和 class 后那个单词一模一样，包括大小写。因为 Java 是对大小写敏感的，它会认为 A 和 a 完全是两码事。初学者最常见的是大小写错。

如图 1.12 所示，D:\myJava 文件夹里出现了一个".java"格式的文件。

**4. 运行**

打开如图 1.13 所示的命令行窗口。

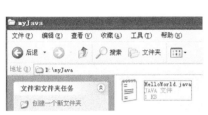

图 1.12　形成.java 文件

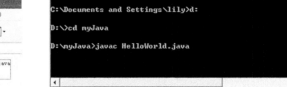

图 1.13　程序编译命令

在图 1.13 中，用最简单的 DOS 命令先进入到保存源文件的位置 D:\myJava 下，然后用"javac"命令来进行编译。

如果源程序写的有编译错误，在这里就会看到错误提示信息，只能好好修改！

如果你足够细致，源程序写的没有编译错误，就会在 myJava 文件夹里看到一个被编译出来的新文件，它与源文件同名，但是后缀是".class"，这是编译器 Javac 将源文件转换成的可执行文件，如图 1.14 所示。

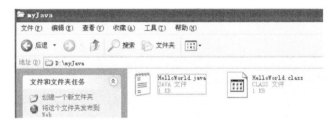

图 1.14　形成.class 文件

现在就可以输入运行程序的命令"java HelloWorld"了，如图 1.15 所示。

图 1.15　程序运行结果

要注意 javac 与 java 两个命令的重要差别。javac 需要的参数是 Java 源文件的文件名，因此 .java 的后缀是不能少的，而 javac 需要的参数是 Java 的类名，所以绝对不能加 .class 后缀。以下两种用法都是错误的：

```
javac HelloWorld （错）
java HelloWorld.class （错）
```

又因为 Windows 的文件系统对文件名的大小写是不敏感的，因此在编译时给出的原文件名大小写没有关系，但 java 命令要的是类名，而在 Java 中所有的标识符包括类名都是大小写敏感的，因此在用 java 命令时，类名的大小写必须和原文件中定义的类名完全一致。注意下列命令用法：

```
javac helloworld.java （错）
java HelloWorld （对）
```

## 1.5 如何在 JDK 下编写和运行 Java Applet？

Applet 是 Java 的第二大类应用程序，中文译名是"小应用程序"，但并不代表它一定是短小简单的程序，就像刚出生的小象也被称为"大象"一样。你现在也可以尝试编写一个 Applet。打开"记事本"，如图 1.16 所示编写程序，写完后以 HelloWorldApplet.java 文件名保存程序到 D:\myJava 下。

图 1.16  Applet 程序源码

可见，Java Applet 程序在程序结构上不同于 Java Application 程序，在运行方式上两者更有很大的区别，Applet 是运行在浏览器中的，所以要创建一个 HTML 文件，把编译好 Applet 的可执行程序嵌入到其中，如图 1.17 所示。

图 1.17  嵌入 Applet 的 HTML 程序

使用如图 1.13 所示的方式编译 HelloWorldApplet.java 文件。
然后双击 1.html，打开该文件，结果如图 1.18 所示。
还可以通过命令行中输入 appletviewer 1.html 运行，如图 1.19 所示。
程序运行结果如图 1.20 所示。

第 1 章 初识 Java

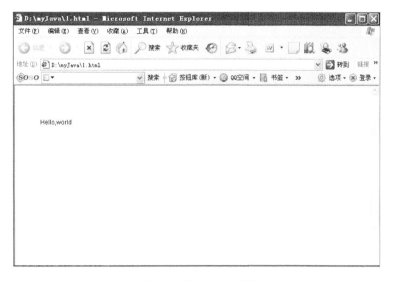

图 1.18 程序运行结果

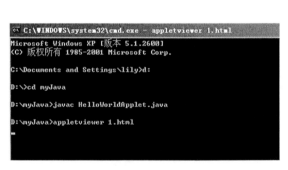

图 1.19 使用 appletviewer 运行 Applet

图 1.20 在 appletviewer 下的运行结果

## 1.6 Java 集成开发环境 Eclipse

Eclipse 最初是由 IBM 公司开发的软件产品，2001 年 11 月发布第一个版本，后来作为一个开源项目捐献给了开源组织。Eclipse 是一个优秀的集成开发环境，深受广大开发人员的青睐，应用非常广泛。本书后面章节中的例程都是以 Eclipse 为开发平台的。

可以在官方网站 http://www.eclipse.org 中下载最新的 Eclipse 版本，下载后直接解压缩即可使用。Eclipse 无须安装，对资源要求低，简单易用而且免费。

双击 Eclipse.exe 图标，就可以启动并运行 Eclipse。

稍等片刻，会出现如图 1.22 所示的对话框。

图 1.22 中提示设定 Workspace 的路径（所编写程序的源代码和字节码文件都在 workspace 目录中），可以接受其默认的路径，也可以如图中那样自己设定。然后单击"OK"按钮，即开始运行 Eclipse 了，如果出现如图 1.23 所示欢迎界面，就表示已经安装成功了。

图 1.21 启动 Eclipse

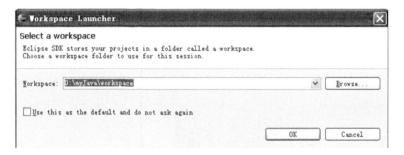

图 1.22 选择 Workspace

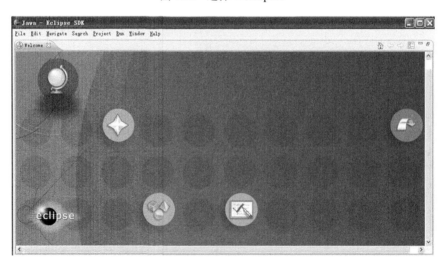

图 1.23 Eclipse 欢迎界面

单击最右端的 标志，或者单击"Welcome"页旁的关闭按钮，就可以关闭欢迎界面，进入到如图 1.24 所示界面，即可在这个 Eclipse 平台上开发 Java 程序。

第 1 章 初识 Java

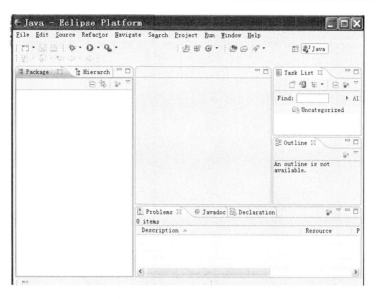

图 1.24 Eclipse 开发平台界面

## 1.7 上机指导

**指导 1 在 Eclipse 环境中，如何编写和运行 Java Application？**

首先，按照本章所讲的内容安装好所需要的 Eclipse 环境。

然后，按照如下步骤完成：

启动 Eclipse 进入如图 1.24 所示界面，在该界面中选择 File→New→Java Project，如图 1.25 所示，新建一个项目。

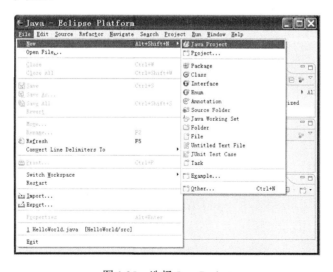

图 1.25 选择 Java Project

在如图 1.26 所示的 New Java Project 向导窗口里输入 Project 的名字。

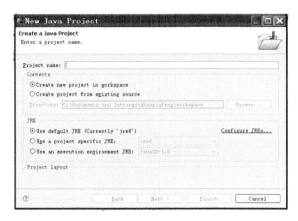

图 1.26 输入 Project 的名字

在 Project name 中输入项目名，例如"study"，单击"Finish"按钮关闭对话框，这样一个名为"study"的 Java 新项目就建完了，如图 1.27 所示。

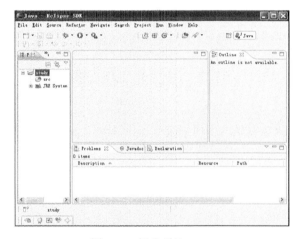

图 1.27 新建项目 study

接下来新建包。包是有效管理项目中很多个类的方式。操作如图 1.28 所示。

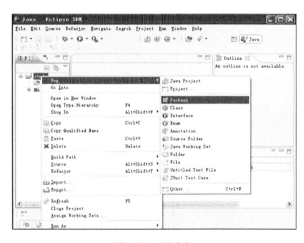

图 1.28 新建包

输入包的名字,例如"firstTest",再在包下面新建类,如图1.29所示。

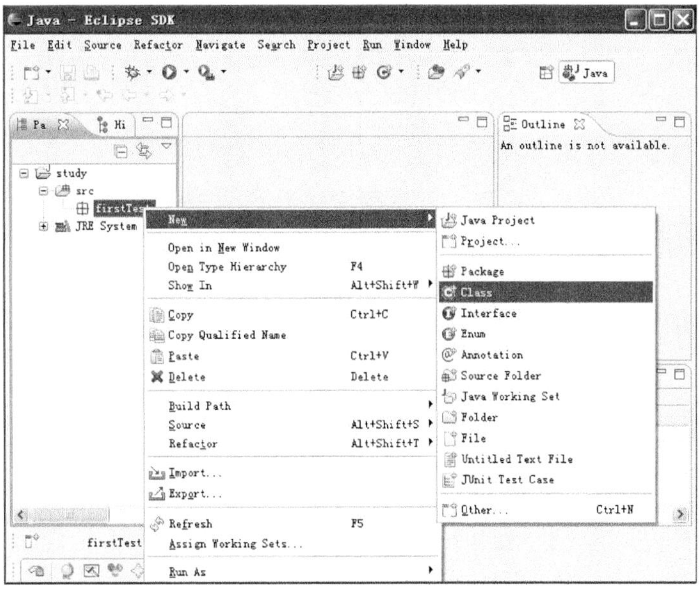

图1.29 新建类

在Name中输入"HelloWorld",勾选public static void main(String[] args)复选框,让Eclipse创建main方法,然后单击"Finish"按钮关闭对话框,如图1.30所示。

图1.30 新建类HelloWorld

新建类后,即可在编辑器里编写相应代码,如图1.31所示。

实用 Java 语言程序设计——基于 Eclipse

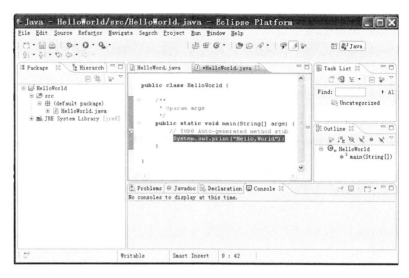

图 1.31 编写代码

接下来就可以运行写好的类了，选择图 1.31 界面中 Run→Run，就可以看到程序的运行结果，如图 1.32 所示。

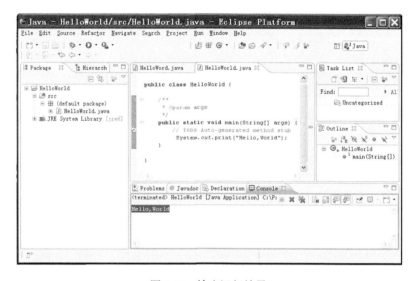

图 1.32 输出运行结果

这样，在 Eclipse 环境中，编写和运行一个"Hello World"的 Java Application 就完成了。

**指导 2　在 Eclipse 环境中，如何编写和运行 Java Applet？**

首先，按照本章所讲的内容安装好所需要的 Eclipse 环境，然后按上述相同的方式建立项目和包（见图 1.25～图 1.28），也可以在刚才所建的 firstTest 包中接着做。

建立一个名为"HelloApplet"的新类，如图 1.33 所示。

在 Name 框中输入"HelloApplet"，然后单击"Finish"按钮关闭对话框。新建类后，即可在编辑器里编写相应代码。

代码：（HelloApplet.java 文件）

14

第 1 章 初识 Java

图 1.33 新建类 HelloApplet

```
import java.applet.*;
import java.awt.*;
public class HelloApplet extends Applet{//写一个Applet程序
    public void paint(Graphics g){
        g.drawOval(10, 10, 30, 30);//画一个圆圈
        g.fillRect(50, 10, 30, 30);//画一个实心方形
    }
}
```

接下来就可以运行写好的类了，选择图 1.34 界面中 Run As→Java Applet。

图 1.34 运行 Applet 程序的方式

然后就可以看到程序的输出结果，一个新出现的 HTML 页面，如图 1.35 所示。

这样，在 Eclipse 环境中，编写和运行一个 Java Applet 程序就完成了。

也就是说，在 Eclipse 环境下，不需要编写 HTML 文件去指定使用的类名、显示页面

15

的大小，因为平台提供了一个默认的 HTML 文件来显示。

如果希望更改 HTML 的一些属性，可以在如图 1.36 所示页面中单击"Run Configurations"打开配置窗口。

图 1.35  HelloApplet 的运行结果

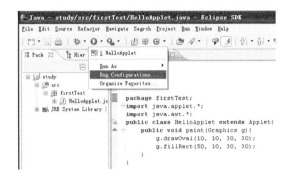

图 1.36  打开配置窗口

打开的配置窗口如图 1.37 所示。

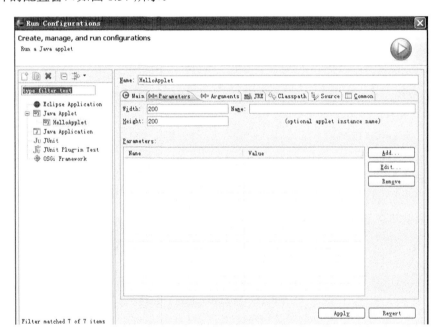

图 1.37  Run Configurations 窗口

可以选择"Parameters"页面来配置弹出的 HTML 窗口的"Width"和"Height"尺寸，配置成所希望的大小后，单击"Apply"应用到今后的 Applet 程序中。

# 第2章 Java基本语法

本章将讲述 Java 基本语法，包括标识符、关键字、数据类型、运算符、表达式、语句和注释等内容，本章的知识点比较多而且细碎，但确实是写程序的基础，需好好掌握，否则今后的程序容易错误百出！

## 2.1 标 识 符

用来标识类名、变量名、方法名、类型名、数组名、文件名的有效字符序列称为标识符。简单地说，就是一个名字。

Java 语言规定：合法的标识符由字母、数字、下划线和美元符号"$"组成，且第一个字母不能是数字。

一些合法的标识符：girl4boy3、$girl、Example3_1、_cat、www23$、张三。
一些不合法的标识符：4girl4boy、a*girl、Example3.1、girl-boy、李+四。

Java 区分大小写，对大小写敏感，也就是说 MyName、myName 和 MYname 是 3 个不同的标识符。

另外，2.2 节将介绍的所有关键字都不能作为标识符，且标识符不能包含空白（Tab、空格、换行符、回车等）。

## 2.2 关 键 字

关键字是 Java 语言中已经被赋予特定意义的一些单词，不能使用它们来作为名字。
Java 的关键字有：

abstract  boolean  break  byte  case  catch  char  class  continue  do  double  default  else  extends  final  finally  false  float  for  if  implements  import  instanceof  int  interface  long  native  new  null  package  private  public  protected  return  short  static  super  switch  synchronied  this  throw  true  try  void  while

但是，笔者并不赞成大家去死背这些关键字。

## 2.3 基本数据类型

Java 语言的基本数据类型共有 3 种,如图 2.1 所示。

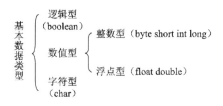

图 2.1 Java 基本数据类型

### 2.3.1 逻辑型

逻辑型又被称为布尔型,只允许取值 true 和 false。Java 是一种严格的类型语言,它不允许数值类型和布尔类型间互相转换。有些语言,如 C 和 C++,可以用 0 表示 false,用 1 表示 ture,而 Java 不允许这样做,需要使用布尔值的地方不能用其他值代替。

定义变量时有以下 3 种方式:
- 方式 1:boolean x;
  boolean y;
  ……{x = true;y = false;}
- 方式 2:boolean x, y;
  ……{x = true;y = false;}
- 方式 3:boolean x = true, y = false;

### 2.3.2 整数型

整数型中包含 4 种:byte、short、int 和 long。
对于 int 型,是大家最熟悉的了,它的使用方式依然是 3 种:
- 方式 1:int x;
  int y;
  ……{x = true;y = false;}
- 方式 2:int 速度, tomAge;
  ……{速度 = 3;tomAge = 34;}
- 方式 3:int 鼻子个数 = 1, 眼睛个数 = 2;

"速度"、"tomAge"、"鼻子个数"、"眼睛个数"都是标识符,都是代表 int 型变量,可以被赋予 int 型的数字。

其他整数型的使用方式和 int 型是类似的,例如:
byte 布尔值 = 2;   short student_number = 387;   long 大数字 = 78787878787;
对于 byte 型变量,内存分配给它 1B,占 8 位,即取值范围是 −128~127;

对于 short 型变量，内存分配给它 2B，占 16 位，即取值范围是–32 768～32 767；

对于 int 型变量，内存分配给它 4B，占 32 位，即取值范围是–2 147 483 648～2 147 483 647；

对于 long 型变量，内存分配给它 8B，占 64 位，即取值范围是–9 223 372 036 854 775 808～9 223 372 036 854 775 807。

温馨提示：（1）int 型是最常用的一种整数型，当大型运算中出现很大的、超过 int 型表示范围的数时，用 long 型。

（2）byte 型由于表示范围较小，容易造成溢出，使用时应该注意到这一点。

（3）不同的机器对于多字节数据的存储方式不同，有的是从低字节向高字节存储，有的是从高字节向低字节存储，因 short 型限制数据的存储需为先高字节，后低字节，所以在有的机器中会出错。所以，如果软件需要跨平台，那么一定要考虑到这个因素。

### 2.3.3 浮点型

浮点型变量有两种，float（单精度）和 double（双精度）。

float 型表示的数范围是：1.4e–45～3.4e+38；double 型表示的数范围是：4.9e–324～1.8e+308。

**注意**：double 型数字后的 d 或者 D 可以省略不写，而 float 型数字后都带有 f 或者 F，这常常是不少同学容易出错的地方。例如：

**float** 米老鼠身高 = 34.54f    正确！
**float** 唐老鸭身高 = 46.7     错误！因为 46.7 后没有带"f"。
**double** 公主体重 = 47.7     正确！47.7 后可以省略"d"。
**double** 王子体重 = 67.7d    正确！

### 2.3.4 字符型

单个字符用 char 表示，一个 char 对应一个 Unicode 字符，即 16 位整数，范围是 0～65 535。char 类型的常量值必须用一对单引号（''）括起来。例如：

**char** dog = 'w'      正确！
**char** cat = '喵'     正确！
**char** dog = 'wang'   错误！因为单引号中只能有单个字符。
**char** dog = 97       正确！16 位整数可以和字符对应转换。

### 2.3.5 基本数据类型的转换和练习

6 种数据类型的精度从低到高顺序为：

byte  short  int  long  float  double

当把精度级别低的值赋给精度级别高的变量时，系统自动完成数据类型的转换，例如：

**double** x = 100 (将整数赋给 double 型变量)

反之，若把精度级别高的值赋给精度级别低的变量时，必须使用强制类型转换，格式为：（类型名）要转换的值。例如：

**int** x = 39.2   错误！
**int** x = 39     正确！

`int x = (int)39.2` 正确！

强制类型转换可能会导致数据精度的损失，例如上题 int x = (int)39.2 中 x 的值是 39，而不是 39.2。

温馨提示：精度高低转换可能会令你感觉难以记忆，但你肯定能够轻松理解：一个小木头人可以放在一个大盒子里，一个大木头人不能放在一个小盒子里，除非你把它的脚去掉一截。现在好记精度转换了吗？

试做以下这几道小题：

- ♦ 判断：int x = 12;y = 3;    是否正确？
- ♦ 判断：int x = 12;int y = 3;    是否正确？
- ♦ 判断：int x = '4'    是否正确？
- ♦ 判断：int dog = "doudou"    是否正确？
- ♦ 判断：long dog = 65.7    是否正确？
- ♦ 判断：double dog = 65.7f    是否正确？
- ♦ 判断：float dog = 65.7    是否正确？

## 2.4 数组和字符串

### 2.4.1 声明数组

数组是相同类型的数据组成的复合数据类型。

声明数组时有两种方式：

（1）数组元素类型 数组名字[ ]

（2）数组元素类型[ ] 数组名字

这两种表达方式是等价的，殊途同归。例如：

`int bicycle[ ];`    表示数组"bicycle"中放的都是 int 型的数字。

`int[ ] bicycle;`    同样也表示数组"bicycle"中放的都是 int 型的数字。

`char 性别[ ];`    表示名为"性别"的数组中放的都是 char 型的单个字符。

`String[ ] name`    表示"name"数组中放的都是字符串。

二维数组可以类似处理：

（1）数组元素类型 数组名字[ ][ ]

（2）数组元素类型[ ][ ] 数组名字

例如：

`float weiZhi[ ][ ]`

`float [ ][ ] weiZhi`

表示二维数组"weiZhi"中放的都是 float 型的数据。

### 2.4.2 创建数组

当声明数组后，还需要为其分配适当的内存空间才可以使用。分配内存空间的方式如下：

数组名字 = **new** 数组元素的类型[数组元素的个数]

例如：

String name; //定义一个 String 类型的字符串作为数组名字

name = **new** String[40]

创建数组也可以和上面的声明数组一次完成，如

String name = **new** String[40]

表示一个名为"name"的数组，能放 40 个 String 类型的数据。

二维数组类似于一维数组，例如：

**int** weizhi[ ][ ] = **new int**[5][4]

### 2.4.3　使用数组

数组内的元素是通过下标来访问的，如 name[0]，name[1]。需要注意的是，如果 String 班级[ ] = new String[4]，那么其中的数组元素就是班级[0]、班级[1]、班级[2]、班级[3]这 4 个字符串，不会出现班级[4]，否则就会出现异常。即默认的数组元素的下标是从 0 开始的。

给数组设定初始值可以采用以下方式：

例如：int a[ ] = {3,4,6,23,98};

等同于：int a = new int[5];

　　　　a[0] = 3;

　　　　a[1] = 4;

　　　　a[2] = 6;

　　　　a[3] = 23;

　　　　a[4] = 98;

例如：String s[ ] = {"good","cat"};

表示有一个名为 s 的数组，里面放的元素都是字符串类型的，该数组中有两个元素，分别是 s[0] = "good",s[1] = "cat"。

### 2.4.4　字符串（String）

Java 使用 java.lang 包中的 String 类来创建字符串变量，所以字符串变量实质上是一个对象。第 3 章会对"对象"作详细介绍，我们将会有更深刻的理解。

字符串有以下 3 种使用方式：

（1）String s = "good students";

（2）String s = new String ("good students");

（3）String s = "good students";

　　　String t = s;

第一种方式类似于基本数据类型的声明和赋值，第二种方式是 String 类生成一个对象 s，内容是"good students"，第三种方式是用已有的字符串得到新字符串。

练习：以下 3 种表达方式正确吗？

（1）String s = "I am a good student";

（2）String s[ ] = "I am a good student";

(3) String s[ ] = {" I am a good student "};

答案：第（1）和（3）是正确的,（1）是大家最常用的标准用法。（3）是当数组看待，这个数组只有一个元素，即 s[0]，内容为"I am a good student"这样的字符串。

（2）是错误的。s[ ]是一个字符串数组，所以不能这样赋值。

## 2.5 运算符和表达式

用于标明运算种类的符号称为运算符，参与运算的数据称为操作数。

Java 提供了丰富的运算符，如算术运算符、关系运算符、逻辑运算符、赋值运算符等。

### 2.5.1 算术运算符

（1）加、减、乘、除和求余运算符（+、-、*、/、%）都是双目运算符，即连接两个操作数的运算符，而且它们的结合方向是从左到右。例如，2*6/4，先 2*6 得 12，再用 12/4 得 3。

（2）自增、自减运算符（++、--）是单目运算符，可以放在操作数前，也可以放在操作数后面，意义是不一样的。

下面通过例子来具体说明：

① a = 3;
　　y = ++a;　（++放在操作数前，先使操作数的值加 1，然后取用操作数的值）
则：a = 4;y = 4;

② a = 3;
　　z = a++;（++放在操作数后，先取用操作数，然后使操作数的值加 1）
则：a = 4; z = 3;

"+、-、*、/"分别表示"加、减、乘、除"；"%"表示取余。下面简单回顾一下取余运算。例如：

7%3 = 1;　　//7 对 3 取余得到 1
2%3 = 2;　　//2 对 3 取余得到 2
-4%3 = -1　　//负 4 对 3 取余得到-1
-2%3 = -2　　//负 4 对 3 取余得到-1

看例 2.1，分析 SuanShu 类程序的运行结果。

**例 2.1：**

```java
public class SuanShu {//本例侧重 x++和++x 的区别与应用
    public static void main(String args[]){
        int x = 4,y = 2;
        float z = x%y;
        int m = x/y;
        int n = ++x;
        int k = x++;
```

```
            System.out.println("z = "+z);
            System.out.println("m = "+m);
            System.out.println("n = "+n);
            System.out.println("k = "+k);
            System.out.println("x = "+x);
    }
}
```
程序运行结果：

z = 0.0

m = 2

n = 5

k = 5

x = 6

## 2.5.2 关系运算符

关系运算是指对两个值进行比较，结果为布尔类型，当关系成立时，运算结果是 true，否则为 false。例如 10>9 的结果是 true；3 = 5 的结果是 false。

下面看一下各关系运算符及它们的具体用法和含义，见表 2.1。

表 2.1 关系运算符

| 运算符 | 用法 | 含义 | 结合方向 |
| --- | --- | --- | --- |
| > | a > b | 大于 | 左到右 |
| < | a < b | 小于 | 左到右 |
| > = | a > = b | 大于等于 | 左到右 |
| <= | a <= b | 小于等于 | 左到右 |
| == | a == b | 等于 | 左到右 |
| ! = | a ! = b | 不等于 | 左到右 |

思考一下，10>20–7 的运算结果是什么呢？

这涉及优先级的问题。那么由于算术运算符优先级高于关系运算符，所以应该先运算 20–7 等于 13，然后再算 10>13，最后结果等于 false。

但是笔者认为没必要去硬记算术运算符和关系运算符的优先级，如果自己写程序，那么最好用括号来显示各个运算的顺序，这样岂不是更清晰明确？如果做题或看别人运行的程序，那么怎样能运算就怎样运算。例如 10>20–7，如果先运算 10>20 得 false，那么 false–7 是不可能运算的，所以一定是先算术运算再关系运算。

练习：

（1） 8–14/7+(4%3) 的结果是什么？

（2） 2*6%5–9/3>7 的结果是什么？

温馨提示：在表 2.1 中这 6 个关系运算符中，最容易出错的是等于号（==），它是双等号，两个等号连起来。一定要记得和单等号（＝）区分开。

### 2.5.3 逻辑运算符

逻辑运算符是指进行与、或、非（&&、||、!）运算，表 2.2 给出了逻辑运算符的用法和含义。

表 2.2 逻辑运算符

| 运算符 | 用法 | 含义 | 结合方向 |
| --- | --- | --- | --- |
| && | a && b | 与 | 左到右 |
| \|\| | a \|\| b | 或 | 左到右 |
| ! | !a | 非 | 右到左 |

表 2.3 给出了逻辑运算的结果，逻辑运算的操作数必须是布尔型数据。

表 2.3 逻辑运算的结果

| a | b | a && b | a \|\| b | !a |
| --- | --- | --- | --- | --- |
| true | true | true | true | false |
| true | false | false | true | false |
| false | true | false | true | true |
| false | false | false | false | true |

### 2.5.4 赋值运算符

等号(=)表示赋值运算，它是双目运算符，它用于将右侧操作数的值赋给左边的变量。当表示是否等于时，应该是双等号，即关系运算。if 语句后的内容多是使用双等号，而不是表示赋值的单等号。

另外，还有一些扩展的赋值符号，例如 a+＝b 表示 a = a+b；a−＝b 表示 a = a−b。

### 2.5.5 字符串连接运算符

"+"除了表示算术运算的"加"运算外，还可以对字符串进行连接操作。例如：
int sum = 3+6; (+表示求和)
String 颜色 = "red"+"green";(+表示连接)
什么时候表示"加"，什么时候表示连接呢？
答案就是："+"两侧的操作数都是数值型时，表示加法操作；只要"+"两侧的操作数有一个为字符串类型，就表示连接。

例如：String riqi = "2009 年"+9+"月"+22+"日"中的所有"+"就表示连接。

看例 2.2，先自己分析它的运行结果，再和答案对照一下，如果你分析的结果和运行结果一样，那就表示你这部分掌握的还不错！

**例 2.2**：
`public class LianJieFu {`//本例介绍连接符

```
public static void main(String[] args) {
    int x = 333,y = 444;
    System.out.println(x+"小于"+2*x);
    System.out.println("x+y 等于: "+(x+y));
    System.out.println("x+y 不等于: "+x+y);
    System.out.println("?"+x+y+" = 333444");
    }
}
```

程序运行结果：

333 小于 666

x+y 等于: 777

x+y 不等于: 333444

?333444 = 333444

## 2.6 语　　句

程序中的语句都是从上到下执行的，除非遇到控制语句。下面将逐个介绍常用的控制语句。

### 2.6.1 if 语句

if 语句一般分为 3 种形式：if 条件语句、if-else 条件语句和 if 语句的扩充形式。

if 语句的一般形式是：

**if**(逻辑表达式){

　　若干语句

}

if 语句的执行流程为：如果条件表达式成立，则执行功能代码，如果条件表达式不成立，则不执行后续的功能代码。

if-else 条件语句的形式是：

**if**(逻辑表达式){

　　……(1)

}

**else**{

　　……(2)

}

if 语句的扩充形式是：

**if**(逻辑表达式){

　　……(1)

}

```
    else if{
        ……(2)
    }
    ……
    else{
    }
```

例 2.3：
```java
public class UseIf {//本例介绍 if 语句的使用
    public static void main(String[] args) {
        int apple = 3;
        int orange = 5;
        if (apple < orange)
            apple = apple + 3;
        System.out.println("桔子和苹果哪个多?");
        if (apple < orange) {
            System.out.println("桔子比苹果多! ");
        }
        else {
            System.out.println("苹果比桔子多! ");
        }
    }
}
```

在例 2.3 中，第一个 if 语句逻辑表达式为 true 时，执行的语句只有它后面紧跟的 apple = apple+3。

System.out.println("桔子和苹果哪个多");这句话是和第一个 if 语句整体并列的，也就是说不论 if 的逻辑表达式是否为真，都会执行本打印语句。

也可以写成：
```java
if(apple<orange){
        apple = apple+3;
}
System.out.println("桔子和苹果哪个多? ");
```
你觉得哪种方式更好，更喜欢哪种方式呢？

笔者的回答是：后一种方式更好，因为更清晰明了，更便于阅读和扩充维护。

例 2.3 程序运行结果：

桔子和苹果哪个多？

苹果比桔子多！

例 2.4：
```java
public class UseMoreIf {//本例不仅介绍 if 语句扩充形式的使用，更重要的是介绍运行时输入
                     数据如何处理
```

```java
public static void main(String[] args) {
    double score = Double.parseDouble(args[0]);//将运行时输入的数据转换格式
    if(score >= 90){
        System.out.println("优");
    }
    else if(score >= 80){
        System.out.println("良");
    }
    else if(score >= 70){
        System.out.println("中");
    }
    else if(score >= 60){
        System.out.println("及格");
    }
    else{
        System.out.println("不及格");
    }
}
}
```

代码分析：程序运行时输入的数据放在 args[0]中，格式为字符串，虽然看起来是数字，但是它是字符串格式。先将其转换为真正的数字格式，然后进行判断，根据不同的情况打印输出不同的内容。

这个程序是实现对程序运行时临时输入的数据进行处理的，运行方式不同于前面接触过的一般程序。运行方式如图 2.2 所示。

图 2.2 调出 Run Configurations 窗口

选择 Run 菜单下的 Run Configurations，出现如图 2.3 所示的窗口。

如果细心一些或有经验一些，会发现"Main class"里面不是要运行的 UseMoreIf 类，而是刚运行完的那个程序，应单击"Search"按钮把 UseMoreIf 类选出来，如图 2.4 所示。

在图 2.5 的界面中选择 Arguments，出现图 2.6 界面，输入运行时的参数例如"67"，单击图中的"Run"按钮。

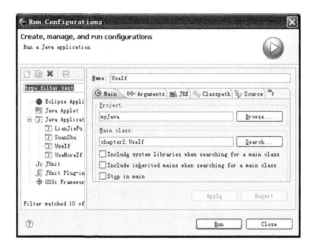

图 2.3　Run Configurations 窗口的 Main 界面

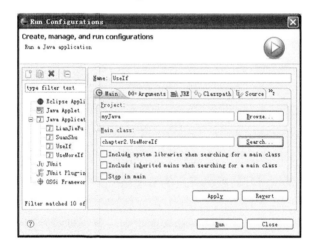

图 2.4　选择要运行的 UseMoreIf 类

图 2.5　输入运行时参数

程序运行结果显示出"及格"两个字。也就是说对 67 作了 if 条件判断。那么现在来分析程序为什么会处理运行时输入的参数。

看一下例 2.4 的 UseMoreIf 程序,main 方法下面第一句:

double score = Double.parseDouble(args[0]);

参数 args[0]得到运行时输入的第一个参数,对于本例来讲,也是唯一的参数。如果有多个参数,那就是 args[1], args[2], args[3], …。

Double. parseDouble( )是将字符串转换为 double 型数的方法。类似的,如果需要把字符串转换为 int 型的数字,Integer 类也有 Integer.parseInt( )方法。

## 2.6.2　switch 语句

switch 语句是多分支的开关语句,它的一般格式是:

```
switch(表达式){
  case 常量 1:
      若干语句;
      break;
  case 常量 2:
      若干语句;
      break;
      ……
  case 常量 n:
      若干语句;
      break;
  default:
      若干语句
}
```

switch 语句的表达式必须是整型或者字符型;switch 首先计算表达式的值,如果表达式的值和后面某个 case 值相同,就执行 case 里的若干语句,直到遇到 break 为止。如果没有遇到相同的,则执行 default 后面的若干语句。

switch 语句对于多分支的程序很好用,可以提高效率。

温馨提示:(1) case 后面的各个值不应该有一样的;(2)看程序时留心每个 case 语句后有没有 break 语句,效果大不一样。

**例 2.5:**

```java
import java.applet.*;
import java.awt.*;
public class UseSwitch extends Applet{
    public void paint(Graphics g) {
        int i = 1;
        switch(i){
        case 1:
```

```
                g.setColor(Color.red);//设置红色
                g.drawString("我是case1", 10, 10);//画出字符串
                i++;      //i 值加 1
            case 2:
                g.setColor(Color.blue);  //设置蓝色
                g.drawString("我是case2", 10, 30);  //画出字符串
                break;   //跳出 switch 语句
            case 3:
                g.setColor(Color.cyan);  //设置青绿色
                g.drawString("我是case3", 10, 50);   //画出字符串
        }
    }
}
```

程序运行结果如图 2.6 所示。

图 2.6 例 2.5 程序的运行结果

思考：

如果 case 1 后面有 break 语句，运行结果会怎样呢？

### 2.6.3 for 语句

for 语句的写法是：

```
for(表达式 1; 表达式 2; 表达式 3){
    若干语句;
}
```

执行过程：先计算表达式 1，然后执行表达式 2，若表达式 2 的值为 true，则执行循环体内的若干语句。接着执行表达式 3，然后再次判断表达式 2 的值。如此重复下去，直到表达式 2 的值为 false，跳出循环。

for 语句中 3 个表达式都可以省略。

**例 2.6**：写一个应用程序，求 56+57+58+…+87 的和。

```
public class UseFor {
    public static void main(String[] args) {
        int sum = 0;   //sum用于放求和结果
        for(int i = 56;i <= 88;i++){
```

```
            sum = sum+i;
        }
        System.out.print(sum);
    }
}
```
程序运行结果：
2376

## 2.6.4 while 和 do-while 语句

**1. while 语句**

While 语句的写法是：

**While**(逻辑表达式){

    若干语句

}

执行过程：先计算逻辑表达式，当逻辑表达式为 true 时，重复执行循环体内的若干语句；直到逻辑表达式为 false 时跳出。如果第一次逻辑表达式即为 false，则不作任何执行。如果逻辑表达式永远为 true，则死循环。

**例 2.7**：写一个应用程序，求 8+88+888+… 的前 6 项之和。

```
public class UseWhile {
    public static void main(String[] args) {
        int sum = 0,a = 8,item = a,n = 6,i = 1;//a作为个位数，item作为某个数个位
                                                前有几项，n作为求前n个数字
        while(i <= n){
            sum = sum+item;
            item = item*10+a;
            i++;
        }
        System.out.print(sum);
    }
}
```

程序运行结果：
987648

**2. do-while 语句**

do-while 循环的写法是：

**do**{

    若干语句;

}

**While**(逻辑表达式);

执行过程：首先执行循环体语句，然后判定逻辑表达式的值，当表达式为 true 时，重

复执行循环体语句,直到表达式为 false 时跳出。不论逻辑表达式的值是否为 true,都是先执行一遍循环内的语句,然后再判断逻辑表达式真假。

**例 2.8**:求 10! 即求 10*9*8*7*6*…*1 的积。

```java
public class UseDoWhile {
    public static void main(String[] args) {
        int i = 1;
        int result = 1; //result 变量内放乘积值
        do{
            result = result*i;
            i++;
        }
        while(i <= 10);//乘到 10 跳出循环
        System.out.print(result);
    }
}
```

程序运行结果:
3628800

在实际的程序中,do-while 的优势在于实现那些先循环再判断的逻辑,这个可以在一定程度上减少代码的重复,但是总体来说,do-while 语句使用的频率没有其他的循环语句高。

### 2.6.5　break 和 continue 语句

**1. break 语句**

break 语句的作用是用于终止某个语句块的执行,使应用程序从该语句块后的第一个语句处开始执行。

**例 2.9**:

```java
public class UseBreak {
    public static void main(String[] args) {
        int i = 1;
        for(i = 1;i<10;i++){
            if(i == 4){
                break;
            }
            System.out.println("i = "+i);
        }
        System.out.println("game over!");
    }
}
```

程序运行结果:

```
i = 1
i = 2
i = 3
game over!
```

**2. continue 语句**

continue 语句作用是用于跳过某个循环语句块的一次执行,使应用程序直接开始下一次循环。

continue 和 break 语句的区别在于:

(1) continue 只能用于循环语句(for/while/do-while)的循环体中;

(2) continue 语句执行时只是跳过本次循环(在本次循环中 continue 语句后的语句不执行,直接开始下一次循环),而 break 语句则结束整个循环。

**例 2.10**:

```java
public class UseContinue {
    public static void main(String[] args) {
        int sum = 0;
        int i = 1;
        for(i = 1;i <= 10;i++){
            if(i%2 == 0){//判断是否为偶数
                continue;
            }
            sum = sum+i;
        }
        System.out.print("奇数求和: "+sum);
    }
}
```

程序运行结果:

奇数求和: 25

## 2.7 注　　释

Java 语言共有 3 种注释方式:

(1) 单行注释:"//"。表示其后面的内容被注释。

(2) 多行注释:"/*……*/"。注释从"/*"开始,到"*/"结束。不能嵌套。

(3) doc 注释:"/**……*/"。注释从"/**"开始,到"*/"结束。这是 Java 所特有的文档注释,是为支持 javadoc 技术而采用的。在软件开发过程中,文档编写的重要性不亚于代码本身,javadoc 技术从程序源代码中抽取类、属性、方法等注释形成与源代码配套的帮助文档,输出 html 格式的文档。

## 2.8 上机练习

**练习 1** 运行并观察理解下列程序：

```java
public class ShuZu {
    public static void main(String[] args) {
        double shuZi[] = new double[3];
        shuZi[0] = 34.4;
        shuZi[1] = 67.9;
        shuZi[2] = 77.3;
        System.out.println("shuZi[0] = "+shuZi[0]+" shuZi[1] = "+shuZi[1]+" shuZi[2] = "+shuZi[2]);
    }
}
```

练习 1 知识点：数组和连接符号。

希望读者能够自己分析程序，在纸上写出运行结果，然后和本章答案部分进行对照，以检验学习效果和理解情况，不要仅仅把本程序抄到计算机上运行来观察输出，这样学习效果会更好！

**练习 2** 编写应用程序，对运行时输入的多个英语课成绩求平均数。

练习 2 知识点：对运行时输入数据进行处理，包括数组、循环语句。

**练习 3** 求 100 以内的素数。

练习 3 知识点：循环语句、continue 语句。

**练习 4** 《射雕英雄传》里黄蓉遇上神算子瑛姑，给她出的三道题目中有一题是这样的：今有物不知其数，三三数之剩二，五五数之剩三，七七数之剩二，问物几何？也就是说，有一个未知数，这个数除以三余二，除以五余三，除以七余二，问这个数是多少？

练习 4 知识点：循环语句、取余运算。

## 2.9 参考答案

**练习 1 参考答案：**

shuZi[0] = 34.4 shuZi[1] = 67.9 shuZi[2] = 77.3

**练习 2 参考答案：**

```java
public class GetAverage {
    public static void main(String[] args) {
        double avg,sum = 0.0;
        for(int i = 0;i<args.length;i++){//args.length 表示数组的长度
            sum = sum+Double.parseDouble(args[i]);
```

```
        }
        avg = sum/args.length;
        System.out.print(avg);
    }
}
```
运行时输入数据如图2.7所示。

图2.7 运行时输入数据界面

程序运行结果：
79

**练习3参考答案：**

```
public class QiuSuShu {
    public static void main(String[] args) {
        int i, j;
        for (j = 2; j <= 50; j++) {
            for (i = 2; i <= j / 2; i++) {
                if (j % i == 0) {
                    break;
                }
            }
            if (i > j / 2) {
                System.out.println(" " + j + "是素数");
            }
        }
    }
}
```

**练习 4 参考答案：**

```
public class Clac {
    public static void main(String[] args) {
        int x;
        for (x = 0; x < 100; x++) {// 从 0 到 100 之间的数字
            if ((x % 3 == 2) && (x % 5 == 3) && (x % 7 == 2)) {
                System.out.println("这个数字是: " + x);
            }// if 语句结束
        }// for 循环结束
    }// main 方法结束
}//类结束
```

程序运行结果：

这个数字是: 23

# 第3章 类和对象

面向对象（Object Oriented，OO）是当前计算机界关心的重点，是软件开发方法的主流。面向对象的概念和应用已超越了程序设计和软件开发，扩展到很宽的范围，如数据库系统、交互式界面、应用结构、应用平台、分布式系统、网络管理结构、CAD技术、人工智能等领域。

面向对象程序设计（OOP）是当今程序设计和开发的主流，它已经取代了"结构化"、"过程化"的程序设计开发技术。

下面让我们从一个看似无关的例子开始讨论，为什么戴尔、联想等一些主流的PC生产商能够快速地发展壮大？很多人可能会说它们生产品质优良、价格低廉的PC，满足了人们生产生活快速发展的需求。那进一步考虑，它们为什么能够生产出那么多种不同型号的计算机，对市场的需求迅速反应？

主要的原因是它们把大量的工作交给了他人，它们从信誉好的提供商那里购买主板、芯片、内存、电源等组件，然后把它们组装起来，与自行研制相比，他们能够以更少的资金、更快的速度去适应市场的发展变化。例如PC厂商购买一个电源的时候，实际购买的就是具有一些属性（大小、形状等）和功能（稳压输出、实际功率等）的东西。

面向对象编程类似于这个例子，它认为程序是由对象组成的，这些对象有自己的属性和功能。它只关心对象是否满足自己要求，不关心这些功能是怎样在对象内部实现的。就好像PC厂家只关心购买的电源是否满足要求，不关心这些要求是怎样实现的一样。

Java作为典型的面向对象的编程语言，它的编程思想完全是面向对象的。将在第3章、第4章和第5章讲述类、对象、属性、方法、继承、访问权限、接口、抽象等概念以及this、super、import、final等关键字。这3章的内容是最重要的，对理解和记忆要求都非常高，如果这3章学好了，对Java编程以及现有、未来的众多面向对象编程语言学习都大有帮助。

## 3.1 类

类和对象是面向对象编程中的核心概念，Java的基本单元是类。源程序就是由若干类来组成的，因此，学习Java编程就必须学会如何去写类，即怎样用Java语法去描述一类事物共有的属性和功能。类是对一类事物的描述，因而是抽象的概念上的定义，而对象是实际存在的该类事物的一个个体。例如"人"是一个类，"王二"这个人是一个对象，他具有黄皮肤、黑眼睛、两条腿；"Tom"这个人也是一个对象，具有白皮肤、蓝眼睛、两条腿。

"人类"可以有几十亿个"对象",这些对象都属于同一个物种,具有人类的共性。例如,定义人类:

```
class 人{                              //"人"类的定义
    String 肤色;                       //"肤色"属性的定义
    int 出生年份;                      //"出生年份"属性的定义
    float 身高;                        //"身高"属性的定义
    void 说话(){                       //"说话"方法的定义
        System.out.print("你好! ");
    }
}
```

类包含两个部分:类声明和类体。

```
class 类名{                            //"class 类名"是类的声明部分
    类体的内容……                        //"类体"是类的具体实现内容
}
```

类体包含两个部分:属性和方法。

(1) 写属性时至少包含两部分:数据类型(类名)、属性名。

它们的语法形式为:数据类型(类名) 属性名

例如:

`int score;`

`Date 入学时间;`

当然,属性还可以边声明边赋值,例如:

`int score = 90;`

数据类型前面还可以有修饰成分和多种关键字,例如:

`private String mouth = "樱桃小口"`

本章会陆续介绍多种关键字。

(2) 方法至少包含以下几部分内容:

```
返回类型 方法名(){
    方法体
}
```

返回类型可以是基本数据类型,也可以是某个类的名字,如果什么也不返回,返回类型就是 void。就好像老师布置的家庭作业有些是需要交回成果的,有些只是回去做了就可以。

如果返回类型为 void,就表示不需要带回任何内容。如果返回类型不为 void,则方法体的最后一句要 return 相应的内容。例如:

```
int qiuHe(int a, int b){
    int sum = a+b;
    return sum;
}
```

return 后面的变量类型要求和方法名前面的数据类型一致。

括号里的"参数"可以有，也可以没有。例如：
```
void eat1(String vegetable){
    System.out.print(vegetable);
}
String eat(){
    System.out.print("all food");
}
```
**注意**：Java语言有一些命名惯例。
（1）类：每个单词的首字母大写，如People、OrderTime。
（2）方法名：第一个首字母小写，其他首字母大写，如getName、orderTime。
（3）变量：第一个首字母小写，其他首字母大写，如age、brainSize。
（4）常量：所有字母大写，单词之间用下划线分开，如MAX_HEIGHT。

## 3.2 成员变量和局部变量

类体属性部分定义的变量被称为成员变量；方法体内定义的变量被称为局部变量。
成员变量在整个类内都有效；局部变量只在定义它的方法体内有效。

**例3.1：**
```
public class ZhuBaJie {
    float height = 2.0f;   //height属性声明并赋值
    float weight = 208.8f;//weight属性声明并赋值
    void aboutMe(){
        System.out.println("我高"+height+"米");//使用height属性
        System.out.println("我重"+weight+"公斤");//使用weight属性
    }
}
```

在例3.1中，只有成员变量height和weight。它们的有效范围是整个类体，所以在方法aboutMe中也可以使用。

程序运行结果：

我高2.0米

我重208.8公斤

**例3.2：**
```
public class ZhuBaJie {
    float height = 2.0f;
    float weight = 208.8f;
    void aboutMe(){
        String food = "肉";
        System.out.println("我高"+height+"米");
```

```
        System.out.println("我重"+weight+"公斤");
    }
    void action(){
        System.out.println("我爱吃"+food);//本句错误!!，因为food是局部变量
        System.out.println("我高"+height+"米");//因为height是成员变量，所以可以使用
        System.out.println("我重"+weight+"公斤");//因为weight是成员变量，所以可以使用
    }
}
```

在例 3.2 中，除了有两个成员变量 height 和 weight 外，还有一个局部变量 food，局部变量只在定义它的方法体内有效，所以出了 aboutMe 方法，在 action 方法中 food 就报错了，平台提示："food cannot be resolved"，不认识 food 这个变量。

成员变量与它在类体中书写的位置无关，有效范围仍然是整个类体。

例 3.3：
```
public class ZhuBaJie {
    void aboutMe(){
        String food = "肉";
        System.out.println("我高"+height+"米");
        System.out.println("我重"+weight+"公斤");
        System.out.println("我爱吃"+food);
    }
    float height = 2.0f;//把 height 变量写在这里声明，前面打印输出也不受影响
    float weight = 208.8f;//把 weight 变量写在这里声明，前面打印输出也不受影响
    void action(){
        System.out.println("我高"+height+"米");
        System.out.println("我重"+weight+"公斤");
    }
}
```

但是并不提倡大家把成员变量的定义分开写，最好都写在类声明后，各方法前。也就是说类体里先写成员变量，再写方法。

如果成员变量和局部变量的名字相同，则成员变量就会被隐藏，见例 3.4。

例 3.4：
```
public class ZhuBaJie1 {
    float height = 2.0f;
    float weight = 208.8f;
    void jianFei(){
        float weight = 108.8f;     //局部变量 weight 和成员变量重名
        System.out.println("我重"+weight+"公斤"); //重名的变量，局部变量优先
    }
    public static void main(String[] args) {
```

```
        ZhuBaJie1 zhu = new ZhuBaJie1();
        zhu.jianFei();
    }
}
```

程序运行结果：

我重 108.8 公斤

例 3.4 中，当 jianFei 方法被调用时，在屏幕上输出 108.8 的运行结果，即局部变量 weight 的值。成员变量和局部变量名字相同时，局部变量"近水楼台先得月"，隐藏了成员变量。

那如果需要使用被隐藏的成员变量呢？有没有办法呢？

有办法，就是用关键字 this，见例 3.5。

例 **3.5**：

```
class Triangle{
    double a,b,c;
    Triangle(double a,double b,double c){
        this.a = a;    //重名的成员变量前面带有 this 关键字
        this.b = b;    //将局部变量的值赋给重名的成员变量
        this.c = c;
    }
}
public class UseThis {
    public static void main(String args[]){
        Triangle tri = new Triangle(3.0,4.0,5.0);
        System.out.println("the three rim is:"+tri.a+" "+tri.b+" "+tri.c);
    }
}
```

程序运行结果：

the three rim is:3.0 4.0 5.0

在例 3.5 中，可以看到"this.a = a"，那么我们来说明一下：

（1）"double a,b,c"声明了 3 个成员变量 a，b，c；

（2）在构造方法中，"double a,double b,double c"声明了 3 个局部变量 a，b，c；

（3）成员变量和局部变量名字相同。"this.a"指的是成员变量的那个 a。当需要把局部变量的值赋给成员变量时，就是"this.a = a"；

（4）"this.b = b"和"this.c = c"同理。

对成员变量的赋值操作可以在成员变量声明时进行。对成员变量的其他操作都只能在方法体中进行。例如：

```
class A{
    int a;
    a = 100;//此操作非法，必须在方法体中才可以对变量进行操作
```

```
    void set(){
        ……
    }
}
```

这种错误是初学者特别易犯的错误,因为类只由属性和方法两部分组成,所以任何对属性的操作都必须放在某个方法体内。

## 3.3 方法重载

方法重载是指一个类中有多个方法具有相同的名字,但是参数不同。这种不同或者是参数的个数不同,或者是参数的类型不同都可以。

例 3.6:

```
class JiSuan{// 本例演示方法重载
    void getArea(double diBian,double gao){
        double area = diBian*gao/2;    //由三角形的底和高求面积
        System.out.print("三角形面积为: "+area);
    }
    void getArea (int r){
        double area = 3.14*r*r;    //由圆的半径求面积
        System.out.print("圆的面积为: "+area);
    }
    void getArea(int shangDi,int xiaDi,int gao){
        double area = (shangDi+xiaDi)*gao/2;//由梯形的上底、下底和高求面积
        System.out.print("梯形的面积为: "+area);
    }
}
```

在例 3.6 里,JiSuan 类有 3 个方法,名字都是 getArea,但是这 3 个方法的参数个数不一样。通过方法重载,一个类中可以有多个具有相同名字的方法,根据传递给它们的参数个数或参数类型的不同来决定使用哪一个方法。如果想计算圆的面积,那么就提供一个半径值;如果想计算三角形的面积,就可以提供一个"底边"和一个"高"。总之,提供的参数不一样,就能得到相应的面积。重载最大的好处是不必记忆不同的名字,例如 getTriangleArea(得到三角形面积)、getCircleArea(得到圆的面积)等。

再比如,有一个 draw()方法用来画三角形、画四边形,甚至画朵花,或者仅仅是输出文字或者数字,我们可以传递给它一个字符串、一些数字、三角形的 3 个顶点位置、四边形的 4 个顶点位置等,甚至还可以同时指定作图的初始位置、颜色等。对于每一种不同的实现,不需要起一个新的名字,只需实现一个新的 draw()方法即可。这样不仅简化了方法的实现和调用,程序员和用户也不需要记住很多的方法名,只需要传入相应的参数即可。

**例 3.7：**
```java
class MethodOverloading{
    void receive(int i){
        System.out.println("Receive one int data,it's "+i);
    }
    void receive(int x, int y){
        System.out.println("Receive two int data,they are "+x+"and"+y);
    }
    void receive(String m){
        System.out.println("Receive one String data,it's "+m);
    }
}
public class MethodOverloadingTest{
    public static void main(String args[]){
        MethodOverloading mt = new MethodOverloading();
        mt.receive(3);
        mt.receive(2,4);
        mt.receive("a good day");
    }
}
```
程序运行结果：
```
Receive one int data,it's 3
Receive two int data,they are 2and4
Receive one String data,it's a good day
```
代码分析：

MethodOverloading 类的 3 个 receive 方法定义之后，因为参数不同而构成了重载。MethodOverloadingTest 类内对它们进行调用时，系统会自动根据参数个数和类型的不同而选择不同的方法进行执行。

## 3.4 构造方法

构造方法是一种特殊的方法，它的名字必须与类名完全相同，且不返回任何数据类型。判断下面哪个是正确的构造方法：

（1）
```java
class Student{
    int student(){
        return 5;

    }
}
```

（2） **class** Student{
  Student(){
   **return** 5;
  }
}

（3） **class** Student{
  Student(){
   System.*out*.print("是构造方法吗？");
  }
}

（4） **class** Student{
  Student(**int** a){
   a = 56;
   System.*out*.print("是构造方法吗？");
  }
}

答案：

以上 4 个 Student 类中，（3）和（4）是正确的构造方法。

（1）错误！因为 Student( ) 带有返回类型 int，不符合构造方法无返回类型的要求。

（2）错误！错误在于 Student 方法中"return"语句的使用。

（3）正确！

（4）正确！是带有参数的构造方法。

每个类都要有构造方法，如果构造方法内既无参数，又无具体实现，可以省略不写。例如：

**public class** Dog{
  Dog(){

  }
}

等同于

**public class** Dog{
}

构造方法可以有多个，构成重载。例如：

**public class** TiXing{  //梯形类
  **float** shangDi,xiaDi,gao;
  TiXing( ){  //TiXing 构造方法构成重载
   shangDi = 60;
   xiaDi = 100;
   gao = 30;
  }

```
        TiXing (float x,int y,float h){ //TiXing构造方法构成重载
             shangDi = x;
             xiaDi = y;
             gao = h;
        }
}
```

代码分析：上例中两个构造方法，名字相同，但是参数个数和类型不同。

温馨提示：一旦在类中显式定义了构造方法，无论定义了一个还是多个，系统将不再提供默认的无参数的构造方法。也就是说，如果某个类有带参数的构造方法，就不可以再用默认的无参数的构造方法，如例 3.8 所示。

**例 3.8：**
```
class TiXing{
    float shangDi,xiaDi,gao;
    TiXing (float x,int y,float h){ //TiXing构造方法构成重载
        shangDi = x;
        xiaDi = y;
        gao = h;
    }
}
public class TiXingExample {
    public static void main(String[] args) {
        TiXing tx = new TiXing();//此句错误!!
        TiXing t = new TiXing(3.4f,6,5f);//正确
    }
}
```

因为 TiXing 类提供了 TiXing (float x,int y, float h)构造方法，所以在 TiXingExample 类中，用 new TiXing()就不可以了，必须按照构造方法 TiXing (float x,int y, float h)给出相应参数。

## 3.5 对　　象

我们可以通过类来创建一个对象，也被称为实例化一个对象。创建对象的过程即类实例化的过程类似女娲造人的故事。

补充：女娲造人的故事。

盘古开天辟地后，女神女娲发现自己的寂寞来自于世界缺少一种像她一样的生物，于是马上用手在池边挖了些泥土，和上水，照着自己的影子捏了起来，捏着捏着，捏成了一个小小的东西，模样与女娲差不多，也有五官七窍，双手两脚。捏好后往地上一放，居然

活了起来。女娲一见，满心欢喜，接着又捏了许多。她把这些小东西叫作"人"。这些"人"是仿照女娲的模样造出来的，气概举动自然与别的生物不同，居然会唧唧喳喳讲起和女娲一样的话来……

### 3.5.1 创建对象

创建对象包含两步：声明对象和为对象分配内存。

（1）声明对象：

类名　对象名

例如：

```
People zhuBaJie  //声明一个"zhuBaJie"(猪八戒)对象
People zhouJieLun;// 声明一个"zhouJieLun"(周杰伦)对象
```

（2）为对象分配内存：

对象名 = new 类的构造方法

例如：

```
zhoujielun = new People()
```

也可以将以上两步连起来写，即：

```
People zhoujielun = new People();
```

例如：

```
Dog huahua;
huahua = new Dog();
```

等同于

```
Dog huahua = new Dog();
```

类的构造方法不一定都是默认的，如果不是默认的，就需要按实际构造方法要求来写

**例 3.9**：

```
class Angel{
    int head = 1;//头属性
    int chiBang;//翅膀属性
    Angel(int swing){//带参数的构造方法
        chiBang = swing;//成员变量被赋值
    }
}
public class NewObject {
    public static void main(String[] args) {
        Angel ag = new Angel(2);//按照Angel类的构造方法来创建对象
        System.out.print(ag.chiBang);
    }
}
```

程序运行结果：

2

代码分析：因为 Angel 类中的构造方法为带参数的，即 Angel(int swing)，所以在创建对象 Angel ag = new Angel(2)时，需要给出相应的 int 型参数。

对象声明后，未分配内存前，例如：

People zhouJieLun;

此时 zhouJieLun 被称为空对象，还没有内存空间，所以不能使用。

当执行 zhouJieLun = new People()时，系统做两件事：

（1）系统为 zhouJieLun 的各个成员变量分配内存。

（2）系统将这些变量交给 zhouJieLun 这个 People 的一个对象来管理。需要使用它们时，用"zhouJieLun.变量名"来调用。

### 3.5.2 使用对象

可以由一个类来创建多个对象。这些对象各自占有不同的内存空间，改变某一个对象的某些属性值不会影响到其他对象。例如，People 实例化了 zhuBaJie 和 zhouJieLun 两个对象。zhuBaJie 的 mouth 属性值是"爱吃肉的"，而 zhouJieLun 的 mouth 属性值是"爱唱歌的"，这两个属性互相不影响。

**例 3.10**：

```java
class People{
    float weight;
    String mouth;
}
public class UseObject {
    public static void main(String[] args) {
        People zhuBaJie = new People();
        People zhouJieLun = new People();
        zhuBaJie.weight = 200.3f; //zhuBaJie 对象使用 weight 属性
        zhouJieLun.weight = 145.4f; //zhouJieLun 对象使用 weight 属性
        zhuBaJie.mouth = "爱唱歌的";
        zhouJieLun.mouth = "爱吃肉的";
        System.out.println("猪八戒的体重"+zhuBaJie.weight+"斤");
        System.out.println("周杰伦的体重"+zhouJieLun.weight+"斤");
        System.out.println("猪八戒的嘴是"+zhuBaJie.mouth);
        System.out.println("周杰伦的嘴是"+zhouJieLun.mouth);
    }
}
```

程序运行结果：

猪八戒的体重 200.3 斤
周杰伦的体重 145.4 斤
猪八戒的嘴是爱唱歌的
周杰伦的嘴是爱吃肉的

代码分析：本例使用 People zhuBaJie = new People();和 People zhouJieLun = new People();创建了两个对象 zhuBaJie 和 zhouJieLun，这两个对象各自给各自的属性赋值，各自打印各自的属性值，互相没有任何干扰。

在例 3.10 中，可以看到对象是使用"."来实现对自己变量和方法的使用的。即：

对象名.属性名

对象名.方法名

## 3.6　实例变量和类变量

我们在前面讲变量声明时讲过成员变量和局部变量这样的概念，这里要介绍一对新概念：实例变量和类变量。我们千万不要把这两对概念搞混淆了。

声明时，实例变量和类变量的区别在于是否有"static"关键字修饰。例如：

**int** ear = 2;　　　　　　　　ear 是实例变量

**static int** havaEar = 2; haveEar 是类变量

实例变量总是和对象相关联，实例变量使用时被对象调用；

类变量总是和类相关联，使用时被类调用。

**例 3.11：**

```
class StudyStatic{
    String tail;  //tail 是实例变量
    static int haveTail = 1;    //haveTail 是类变量
}
public class UseStatic {
    public static void main(String[] args) {
        StudyStatic duck = new StudyStatic();//生成鸭子对象
        StudyStatic mouse = new StudyStatic();//生成老鼠对象
        duck.tail = "短短的";
        mouse.tail = "长长的";
        System.out.println("鸭子的尾巴是"+duck.tail);
        System.out.println("老鼠的尾巴是"+mouse.tail);
        System.out.println("相同的是,尾巴个数都为"+StudyStatic.haveTail);
        StudyStatic.haveTail = 2;
        System.out.println("鸭子的尾巴个数现在是"+StudyStatic.haveTail);
        System.out.println("老鼠的尾巴个数现在是"+StudyStatic.haveTail);
    }
}
```

程序运行结果：

鸭子的尾巴是短短的

老鼠的尾巴是长长的

相同的是,尾巴个数都为 1

鸭子的尾巴个数现在是 2
老鼠的尾巴个数现在是 2

在例 3.11 中，可以看到因为 haveTail 变量是"static"，也就是"类变量"，使用时不是 duck.haveTail 和 mouse.haveTail，而是 StudyStatic.haveTail。而且类变量的值一旦发生改变，该类所有的对象变量值都一起改变。如果你以前学过"static"这个单词，知道它的英语本意"静态的"，就能很好地理解并记忆这个知识点了。

那么如何解释类变量和实例变量的差别呢？

当 Java 程序执行时，类的字节码文件被加载到内存，如果该类创建对象，那么不同对象的实例变量互不相同，即分配不同的内存空间。而所有的对象共享类变量相同的内存空间。

温馨提示："实例方法和类方法"完全类似"实例变量和类变量"，即"static"的用法相同。

Java 语言还有一个规定，实例方法既能对类变量操作，又能对实例变量操作，而类方法只能对类变量进行操作。

**例 3.12**：
```java
public class UseStaticDif {
    int a;
    static int b;
    void f(int x,int y){
        a = x;
        b = y;
    }
    static void g(int z){
        a = z;//本句错误！因为a是实例变量，g(int z)是类方法，只能对类变量进行操作
        b = z;
    }
}
```

总结：

实例变量和类变量的区别如下：

（1）声明时是否带有"static"关键字。

（2）实例变量使用时是被对象调用，即"对象名.实例变量名"；类变量使用时被类调用，即"类名.类变量"。

（3）某个对象更改其实例变量值，其他对象不受到任何影响；类更改类变量的值，所有对象的这个类变量值都被改变。

（4）实例方法既能对类变量操作，又能对实例变量操作，而类方法只能对类变量进行操作。

## 3.7 上机练习

**练习 1** 举例说明方法重载。

**练习 2** （1）创建 Rectangle 类，添加属性 width、height；
（2）在 Rectangle 类中添加两种方法计算矩形的周长和面积；
（3）编程利用 Rectangle 输出一个矩形的周长和面积。

## 3.8 参 考 答 案

**练习 1 参考答案：**

```java
class OverloadDemo {
    void test() {
    System.out.println("没参数");
    }
    void test(int a) {
    System.out.println("a: " + a);
    }
    void test(int a,int b) {
     System.out.println("a and b: " + a + " " + b);
    }
    double test(double a) {
    System.out.println("double a: " + a);
    return a*a;
    }
}
class Overload {
    public static void main(String args[]) {
    OverloadDemo ob = new OverloadDemo();
    double result;
    ob.test();
    ob.test(10);
    ob.test(10,20);
    result = ob.test(2.2);
    System.out.println("Result of ob.test(2.2): " + result);
    }
}
```

程序运行结果：
没参数
a: 10
a and b: 10 20

```
double a: 2.2
Result of ob.test(2.2): 4.840000000000001
```

**练习 2 参考答案：**

```java
public class Rectangle {
    double width,height;//定义属性width和height
    Rectangle(double width,double height){//定义带参数的构造方法
        this.width = width;
        this.height = height;
    }
    public double getPerimeter(){//求周长的方法
        double zhouChang = (width+height)*2;
        return zhouChang;
    }
    public double getArea(){//求面积的方法
        double mianJi = (width*height);
        return mianJi;
    }
    public static void main(String[] args) {
        Rectangle rt = new Rectangle(3.4,5.1);
        System.out.println("周长是: "+rt.getPerimeter());
        System.out.print("面积是:"+rt.getArea());
    }
}
```

程序运行结果：

周长是: 17.0

面积是: 17.34

# 第4章 包、继承和访问权限

## 4.1 包

包是 Java 语言中有效管理类的一个机制,就像家里衣柜的一个个抽屉,这个抽屉专用于放衬衣,那个抽屉专用于放裤子,在找衣物时就能更快速、更方便。

### 4.1.1 package 语句

用 package 声明包语句,其书写的位置在源程序的第一句。例如:

**package** book;

**class** English( ){

　　……

}

该例子表明 English 类在 book 包中。

如果源程序中省略了 package 语句,则默认该类被放在某个无名包中,即该包没有名字。

包名可以是合法的标识符,也可以是若干个标识符用"."连接的。例如:

**package** book.computer.ecommerce;

表明类在 ecommerce(电子商务)包里,ecommerce 包在 computer 包里,computer 包在 book 包里。

在 Eclipse 平台下,不需要写 package 语句,只需要在写新类之前,创建一个包。新建包的具体方法见第 1 章上机指导的图 1.28。

如果想改变某个类的包名,也就是换个包,可以在 Eclipse 平台的 Package Explorer 下选中该类,右键弹出菜单,在菜单里选择 Refactor,再选择 Move,如图 4.1 所示。

在随后出现的如图 4.2 所示窗口中选择出要移到的新包,单击 OK 按钮就可以了。

也可以直接在 Eclipse 平台的 Package Explorer 下选中该类,拖动到新包里就可以了。

### 4.1.2 import 语句

使用 import 语句可以引入其他包里的类。Java 平台本身提供的类很多,可以在 API 中看到它们。以下列出了几个常用的包:

图 4.1 移动类到另一个包

图 4.2 移动类到另一个包的 Move 窗口

java.applet：包含实现 applet 的类。

java.awt：包含界面设计的图形、文本类。

java.io：包含输入输出类。

java.net：包含网络功能的类。

如果要引入一个包里全部的类，用"*"代替。例如：

**import** java.applet.*;　　//表示引入 applet 包中的所有类

如果要引入一个包里的某个类，就写上该类的名字。例如：

**import** java.applet.Applet;　　//表示引入 applet 包中的 Applet 类

**例 4.1：**

**package** withChapter4;

**public class** ForImport { //ForImport 类位于 withChapter4 包中

```
    public String name = "唐老鸭";
    public void speak(){
        System.out.print("阿哦! ");
    }
}

package chapter4;
import withChapter4.ForImport; //引入withChapter4包中的ForImport类
public class ImportOneClass {    //ImportOneClass类位于chapter4包中
    public static void main(String[] args) {
        ForImport fi = new ForImport();//使用withChapter4包中的ForImport类
        System.out.println(fi.name);
        fi.speak();    //ForImport类的对象调用speak()方法
    }
}
```

代码分析：ForImport类位于withChapter4包中；ImportOneClass类位于chapter4包中，希望在该类中使用ForImport类，即跨包使用类，所以需要import withChapter4.ForImport类。

注意：package语句永远位于程序的第一句，import语句写在package语句后，类声明之前。

谁都不可能记住API中显示的几千个类，更不要说每个类的属性、方法了，所以学会使用API很重要。API是JDK文档的一部分，是HTML格式的。在Sun公司的中国技术社区可以下载到最新的版本，网址为http://developers.sun.com.cn/Java/list.html，如图4.3所示。

图4.3　API概貌

页面被分成3个部分，左上方的窗口显示了所有可使用的包，左下方的窗口显示了所有的类。如果在左上方窗口里选择了某个包，那么左下方的窗口里就显示该包内所有的类。单击某个类后，右边的大窗口里显示该类的相关信息。例如选择Button类，出现图4.4，显示Button类的全部介绍信息。

第 4 章 包、继承和访问权限

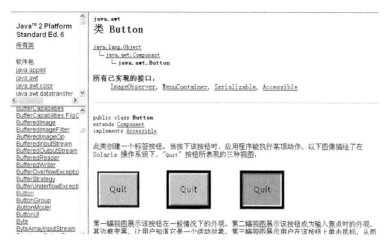

图 4.4 Button 类的描述

例如 Button 类，我们可以在 API 中看到它的构造方法和方法总汇，如图 4.5 所示。

图 4.5 Button 类的构造方法和方法总汇

每个构造方法都介绍了它的含义，例如：
Button( )：构造一个标签字符串为空的按钮。
Button(String label)：构造一个带指定标签的按钮。
每个方法有返回类型、方法名、方法参数、方法内容解释等内容。
当单击某个方法名字时，会出现相应的更为详细的解释说明，例如 getLabel 方法，如图 4.6 所示。

图 4.6 方法的详细解释

55

## 4.2 继 承

在生活中,继承通常用于具有某种特殊关系的人之间,也意味着额外得到另外一个人的存款、房子等财产。Java 中也可以类似地来理解,两个类之间存在继承关系时,被继承的类称为"父类",继承的类称为"子类"。"子类"因为"继承"拥有了父类的财产,即属性和方法。当然父类可以指定哪些是可以被子类继承拥有的,哪些是不给的,方式是使用访问权限关键字,将在 4.3 节介绍。和生活中继承类似的是:子类继承父类后还可以添加自己新的属性和方法。和生活中的继承不完全一样的是:父类的属性和方法被子类继承后,父类自己仍然可以使用;子类继承父类时,父类不需要死掉。

继承的方式是:

**class** 子类名 **extends** 父类名{

}

例如:

```
class People{
    int leg = 2;
    int eye = 2;
}
class Beauty extends People{        //美人 Beauty 类继承人 People 类
    String legLength = "修长的";
    String eyeSize = "大大的";
}
```

子类 Beauty(美人)继承了父类 People(人),Beauty 继承了父类的属性,也就是说不用再声明 leg = 2、eye = 2 等基本要求,又声明了自己的新属性,如腿是修长的,眼睛是大大的等。

温馨提示:(1)有的书上称"父类"为"超类"、"基类"等名词,即"父类"和"超类"是同样的意思。不要误解"超类"为"父类"的"父类",变成了"爷爷类"就不对了。

(2)在生活中,每一个孩子只有一个亲爸爸。Java 语法关于继承的规定和人类一样,每一个类只能继承一个父类,extends 关键字后面只能出现一个类的名字,即单重继承。

(3)在生活中,每一个爸爸可以有多个孩子。Java 也同样,一个类可以被其他不同的类继承多次。

## 4.3 访 问 权 限

4.2 节提到过父类可以规定自己的哪些财产给子类,哪些不给子类,方法是使用访问权限关键字,即用一个类创建了它的对象之后,该对象可以用"."来访问其变量或者方法,但访问这些变量和方法根据访问权限关键字的不同有一定的限制。

访问权限关键字有 4 种，分别为 public、protected、默认的和 private。访问权限由小到大的顺序是：private ＜ 默认的 ＜ protected ＜ public。

补充说明："默认的"即指属性和方法前面没有写访问权限关键字。

### 4.3.1 private

属性和方法前面加有 private 关键字时，属性和方法就成了私有的属性和方法，其他的任何类都不能访问它们，只能在本类内被访问。

**例 4.2：**

```
class AccessPrivate{
    private int shuXing = 2;
    private void fangFa(){
        System.out.print(shuXing);
        System.out.print("一个小方法");
    }
}
public class UsePrivate{
    public static void main(String[] args) {
        AccessPrivate ap = new AccessPrivate();
        ap.shuXing = 3;//本句错误!!因为跨类不能访问private变量
        ap.fangFa();//本句错误!!跨类不能访问private方法
    }
}
```

若把注释符号去掉，会报错：

```
Description  Resource  Path  Location  Type
The method fangFa() from the type AccessPrivate is not visible
```

例 4.2 中，AccessPrivate 类内定义的属性 shuXing 和方法 fangFa 都是 private 修饰的，在本类内可以自由使用，但是出了 AccessPrivate 类，就不可以被访问。

### 4.3.2 public

属性和方法前面加有 public 关键字时，属性和方法就成了公共的属性和方法。

**例 4.3：**

```
class AccessPublic{
    public int shuXing = 4;
    public void fangFa(){
        System.out.print(shuXing);
        System.out.print("一个小方法");
    }
}
```

```java
public class UsePublic {
    public static void main(String[] args) {
        AccessPublic ap = new AccessPublic();
        System.out.print(ap.shuXing);
        ap.fangFa();
    }
}
```

公共的变量和方法可以在其他的类内被访问。这里的"其他的类"也可以是另外的包中的类。

例 4.4：

```java
package withChapter4;
public class AccessPublic1 {    // AccessPublic1 类在包 withChapter4 中
    public int shuXing = 4;
    public void fangFa(){
        System.out.print(shuXing);
        System.out.print("一个小方法");
    }
}
```

```java
package chapter4;
import withChapter4.AccessPublic1;
public class UsePublic {   // UsePublic 类在包 chapter4 中
    public static void main(String[] args) {
        AccessPublic1 ap = new AccessPublic1();//跨包访问 AccessPublic1 类
        System.out.print(ap.shuXing);
        ap.fangFa();
    }
}
```

在例 4.4 中，AccessPublic1 类在包 withChapter4 中，UsePublic 类在包 chapter4 中，跨包访问 AccessPublic1 类的属性和方法，因为它们的访问权限是 public，所以跨包访问没有任何问题。

### 4.3.3 protected

属性和方法前面加有 protected 关键字时，即属性和方法就成了受保护的属性和方法，那么它们的访问权限是：只有同一个包中的其他类可以访问该变量和方法。

例 4.5：

```java
package chapter4;
public class AccessProtected{   //AccessProtected 类在 chapter4 包中
    protected int shuXing = 4;
    protected void fangFa(){
```

```
        System.out.print(shuXing);
    }
}
package chapter4;
public class UseProtected {      //AccessProtected 类在 chapter4 包中
    public static void main(String[] args) {
        AccessProtected ap = new AccessProtected();
        ap.fangFa();
    }
}
```

程序运行结果：

4

在例 4.5 中，可以看到同一个包内的类可以访问被 Protected 修饰的变量和方法，那么如果跨包访问呢？

**例 4.6：**

```
package withChapter4;
import chapter4.AccessProtected;
public class UseProtected extends AccessProtected{//跨包继承 AccessProtected 类
    public static void main(String[] args) {
        UseProtected up = new UseProtected();
        up.fangFa();
        AccessProtected ap = new AccessProtected();
        ap.fangFa();
    }
}
```

在例 4.6 中，UseProtected 类在 withChapter4 包中，我们可以看到跨包访问 chapter4 包中的 AccessProtected 类时，被 protected 修饰的方法 fangFa 不能够被使用，被报错了。报错提示如图 4.7 所示。

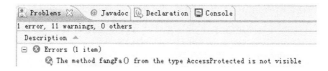

图 4.7 跨包作为子类的 UseProtected 程序报错信息

即 AccessProtected 类的 fangFa 方法不可见，也就是超过了 chapter4 包的范围，

但是，有一种特例可以访问，那就是子类。也就是说"不在同一个包中，子类才可以访问被 protected 修饰的变量和方法"。

在例 4.6 中，可以看到 UseProtected 类继承了 AccessProtected 类，这两个父子类分属于不同的包，当用子类 UseProtected 生成一个对象 up 时：

```
UseProtected up = new UseProtected();
```
up可以访问被protected修饰的fangFa( )方法，即
```
up.fangFa();
```
当我们用父类AccessProtected生成一个对象ap时：
```
AccessProtected ap = new AccessProtected();
```
ap不可以访问被protected修饰的fangFa( )方法，即
```
ap.fangFa();报错
```

### 4.3.4 默认的

默认的访问权限，即没有任何修饰词的变量和方法具有的访问权限，它的访问权限是同一个包的类。

例4.7：
```
package chapter4;
public class AccessDefault {
    int shuXing = 5;
    void fangFa(){
        System.out.print(shuXing);
    }
}


package chapter4;
public class UseDefault {
    public static void main(String[] args) {
        AccessDefault ad = new AccessDefault();
        ad.fangFa();
    }
}
```

程序运行结果：

5

在例4.7中，shuXing是int型的变量，前面没有任何权限的修饰词，即"默认的"访问权限。AccessDefault和UseDefault位于同一个包chapter4中，shuXing和fangFa前没有任何的修饰关键字，同一个包中的类可以访问它们。

那么如果上述情形不在同一个包中，而是跨包呢？同样是使用例4.7的类AccessDefault，不同的是UseDefault类位于withChapter4包中。

例4.8：
```
package withChapter4;
import chapter4.AccessDefault;
public class UseDefault {
    public static void main(String[] args) {
```

```
        AccessDefault ad = new AccessDefault();
        ad.shuXing = 5;//错误！因为默认访问权限的shuXing不能被跨包访问
        ad.fangFa();//错误！因为默认访问权限的fangFa()不能被跨包访问
    }
}
```

可以看到，"ad.shuXing = 5;"和"ad.fangFa();"报错了，报的错误提示如图4.8所示。

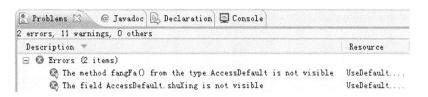

图4.8　UseDefault程序错误提示信息

也就是说，如果跨包访问"默认的"访问权限的变量和方法，是会出错的。因为"默认的"访问权限只限于同一个包内。

### 4.3.5　总结

同一个类内，"public、protected、默认的、private"都可被访问。

出了同一个类的范围，在同一个包内，"public、protected、默认的"都可被访问。

出了同一个包的范围，"public"可以被访问，子类可以访问被"protected"修饰的属性和方法。

## 4.4　上机练习

**练习1**　请举例说明public、protected、默认的、private的区别。

**练习2**　（1）定义Mother类及其属性和方法；

（2）定义Daughter类继承Mother类，并增加一些属性和方法；

（3）定义一个类UseExtends，在该类的Main方法中创建一个Daught的对象，使用Mother类和Daughter类的属性和方法。

**练习3**　定义一个交通工具类Vehicle,包含属性和方法；再定义一个飞行器子类（Aircraft），继承Vehicle类。又从Aircraft类继承声明两个子类，航天飞机（SpaceShuttle）和喷气式飞机（Jet）。（本题知识点为多层继承）

## 4.5　参考答案

**练习1参考答案：**

同一个类内：

```java
package exercises;
public class AccessedClass {
    public int a;
    protected int b;
    int c;
    private int d;
    
    public static void main(String[] args) {
        AccessedClass ac = new AccessedClass();
        ac.a = 1;//同一个类内调用被"public"修饰的属性
        System.out.println(ac.a);
        ac.b = 2;//同一个类内调用被"protected"修饰的属性
        System.out.println(ac.b);
        ac.c = 3;//同一个类内调用被"默认的"修饰的属性
        System.out.println(ac.c);
        ac.d = 4;//同一个类内调用被"private"修饰的属性
        System.out.println(ac.d);
    }
}
```

程序运行结果：

1
2
3
4

不同一个类，同一个包内：只有 public、protected、默认的可访问。

```java
package exercises;
public class CanAccess {
    public static void main(String[] args) {
        AccessedClass acd = new AccessedClass();
        acd.a = 5;//不同一个类，同一个包内调用被"public"修饰的属性
        System.out.println(acd.a);
        acd.b = 6;//不同一个类，同一个包内调用被"protected"修饰的属性
        System.out.println(acd.b);
        acd.c = 7;//不同一个类，同一个包内调用被"默认的"修饰的属性
        System.out.println(acd.c);
        acd.d = 8;//本句错误!! 不同一个类内不能调用被"private"修饰的属性
        System.out.println(acd.d);// 本句错误!!
    }
}
```

程序运行结果:
5
6
7

不同一个包：public 修饰的可直接访问；protected 和 package 都不可以。

```java
package withExercises;
import exercises.AccessedClass;
public class OutPackage1 {
    public static void main(String[] args) {
        AccessedClass acd = new AccessedClass();
        acd.a = 5;//不同一个包内可以调用被"public"修饰的属性
        System.out.println(acd.a);
        acd.b = 6;//错误!! 不同一个包内不能调用被"protected"修饰的属性
        System.out.println(acd.b);
        acd.c = 7;// 错误!! 不同一个包内不能调用被"默认的"修饰的属性
        System.out.println(acd.c);
    }
}
```

程序运行结果:
5

不同一个包的子类可以访问被 public、protected 修饰的：

```java
package withExercises;
import exercises.AccessedClass;
public class OutPackage2 extends AccessedClass{
    public static void main(String[] args) {
        OutPackage2 op = new OutPackage2();
        op.a = 5;//不同一个包，子类可以访问被public修饰的属性和方法
        System.out.println(op.a);
        op.b = 6;//不同一个包，子类可以访问被protected修饰的属性和方法
        System.out.println(op.b);
        op.c = 7;//错误!! 不同一个包，子类不可以访问被"默认的"修饰的属性和方法
    }
}
```

程序运行结果:
5
6

**练习 2 参考答案：**

```java
class Mother {
    private int money;
```

```
    float height;
    String speak(String s){
        return s;
    }
    String dance(){
        return "我会跳舞";
    }
}
class Daughter extends Mother{
    String cloth;
    String sing(String s){
        return s;
    }
    String dance(){
        return "我是芭蕾舞小演员";
    }
}
public class UseExtends{
    public static void main(String[] args) {
        Daughter girl = new Daughter();
        girl.cloth = "漂亮裙子";
        girl.height = 120.3f;
        System.out.println(girl.dance());
        System.out.println(girl.sing("我还会唱歌"));
    }
}
```

程序运行结果:
我是芭蕾舞小演员
我还会唱歌

**练习3参考答案:**

```
public class Vehicle {
    double speed = 0;
    public void start(){
        System.out.print("i can move");
    }
    public double haveSpeed(double speed){
        return speed;
    }
}
```

```java
class Aircraft extends Vehicle{
    public void fly(){
        System.out.print("i can fly");
        double mySpeed = haveSpeed(900);
        System.out.print(mySpeed);
    }
}
class SpaceShuttle extends Aircraft{
    public void fly(){
        System.out.print("i can fly out of Earth" );
        double mySpeed = haveSpeed(30000);
        System.out.print(mySpeed);
    }
}
class Jet extends Aircraft{
    public void show(){
        System.out.print("i can show colorful tail" );
        double mySpeed = haveSpeed(8000);
        System.out.print(mySpeed);
    }
}
```

# 第5章 接口和一些关键字

## 5.1 super 关键字

super 关键字有两种用法：第一种是调用父类被隐藏的属性和方法；第二种是调用父类的构造方法。

我们知道，如果子类中定义的成员变量和父类中成员变量同名时，父类的成员变量被隐藏；如果子类中定义的方法和父类中方法名字、变量类型、变量个数、返回类型都一样时，父类的方法被重写。

如何调出那个被隐藏了的属性或者被重写了的方法呢？这是 5.1.1 节将介绍的 super 的第一种用法。

如果子类想使用父类的构造方法，该怎么办呢？这是 5.1.2 节将要介绍的 super 第二种用法。

### 5.1.1 super 关键字第一种用法

当子类继承父类之后，就拥有了父类属性和方法的使用权，可以直接使用。

例 5.1：
```java
public class FatherClass {
    public int house = 3;
    public int money = 500000;
}
```

例 5.2：
```java
public class SonClass extends FatherClass{
    public static void main(String[] args) {
        SonClass sc = new SonClass();
        System.out.println("我继承了房子" +sc.house);//使用父类的属性
        System.out.println("我继承了存款" +sc.money); //使用父类的属性
    }
}
```

程序运行结果：
我继承了房子 3
我继承了存款 500000

但是你是否想到过一种特殊情况：如果子类有自己的"house"和"money"属性，而子类的对象使用 sc.house 和 sc.money 时，值应该打印出父类的属性还是子类的属性呢？

正确答案当然是：子类的属性。

父类仍然用例 5.1 所示的 FatherClass，子类用 SonClass1。如例 5.3 所示，那么看一下程序的运行结果就知道了。

例 5.3：

```java
public class SonClass1 {
    int money = 200000; //子类自己定义的属性，与父类属性同名
    int house = 1;//子类自己定义的属性，与父类属性同名
    public static void main(String[] args) {
        SonClass1 sc = new SonClass1();
        System.out.println("房子" +sc.house);
        System.out.println("存款" +sc.money);
    }
}
```

程序运行结果：

房子 1

存款 200000

那么，新问题又出现了，既然父类和子类属性（或方法）重名，如果想在子类中访问父类的属性和方法该怎么办呢？这个时候就应该使用关键字 super，如例 5.4 所示。

例 5.4：

```java
public class SonClass2 extends FatherClass{
    int money = 200000;
    int house = 1;
    void faZhan(){           //发展了父辈产业
        super.house = 4;
        super.money = 700000;
    }
    public static void main(String[] args) {
        SonClass1 sc = new SonClass1();
        System.out.println("房子" +sc.house);
        System.out.println("存款" +sc.money);
    }
}
```

程序运行结果：

房子 1

存款 200000

从此例中，可以看到 super 的第一种用法的具体使用过程，调用父类被隐藏的属性和方法，即"super.父类属性"或者"super.父类方法"。

温馨提示：如果子类没有对父类属性和方法进行重写，即没有和父类属性和方法同名，那就没有必要使用 super 关键字了。

### 5.1.2　super 关键字第二种用法

构造方法是一种特殊的方法，那么子类继承父类时，它的特殊性也体现了出来，那就是构造方法不会像普通方法那样被继承。如果在一些特殊情况下，子类想使用父类构造方法该怎么办呢？这就是 super 关键字的第二种用法。

子类必须在构造方法中才可以调用父类的构造方法，而且 super 语句必须放子类构造方法的第一句，使用方式是："super（父类构造方法参数）"，请看例 5.5 的 FatherConstructor 类和 SonContructor 类。

例 **5.5**：

```
class Student{
    String name;
    Student(String name){//父类的构造方法
        this.name = name;//成员变量与局部变量同名，将局部变量的值赋给成员变量
        System.out.println("my name is:"+name);
    }
}
class UniStudent extends Student{
    int age;
    UniStudent(String name,int age){//子类的构造方法
        super(name);//在子类构造方法中调用父类构造方法
        this.age = age; //成员变量与局部变量同名，将局部变量的值赋给成员变量
        System.out.println("my age is:"+age);
    }
    void fangFa(){//子类的普通方法
        System.out.println("name is:"+super.name+", age is"+age);
    }
}
public class UseSuper {
    public static void main(String args[]){
        UniStudent us = new UniStudent("Zhangsan",19);//创建子类对象 us
        us.fangFa(); //子类对象调用其普通方法
    }
}
```

程序运行结果：

my name is:Zhangsan

my age is:19

name is:Zhangsan, age is 19

## 5.2 final 关键字

final 关键字有可能用在 3 种情况的前面,第一种是类,第二种是属性,第三种是方法。

### 5.2.1 final 放在类前面

如果某个类在定义时,前面有修饰词 final,则该类不能被继承。例如:
**final class** A{
}
A 类就不可能有子类。

### 5.2.2 final 放在属性前面

属性声明时,如果前面带有 final 关键字,则该属性值不能被更改,即此时该属性为常量。

温馨提示: 常量的名字通常全部大写,而且若为多个单词组成,单词之间用下划线"_"隔开,如 CM_PER_INCH、GOOD_INTEREST。

**例 5.6**:
```
public class Constant {
    public static void main(String[] args) {
        final float BOUND = 0.454f;  //一磅是 0.454 公斤
        double 新生儿体重 = 7.7;
        System.out.print(新生儿体重+"磅是"+新生儿*BOUND+"公斤");
    }
}
```
程序运行结果:
7.7 磅是 3.4957999706268312 公斤

代码分析: 一磅是 0.454 公斤,这是不会改变的常量,所以定义它被 final 关键字修饰。

### 5.2.3 final 放在方法前面

如果某个方法在定义时,前面有修饰词 final,则该方法不能被重写。

温馨提示: 再复习一下方法重写和重载的区别,不要把它们搞混。

方法重载是一个类内方法名字相同,但方法参数类型或者个数不同。方法重写是子类中方法名字、参数类型、个数均与父类相同,但是方法体内容不同。

final 关键字的使用主要是出于安全性的考虑。

## 5.3 接 口

Java 不支持多继承性,也就是说一个类只能继承一个父类。单继承性使得 Java 简单,易于管理。但是一个类可以实现多个接口。

接口不是类，而是一组对类应该设计成什么样子的描述，即类需求的描述。

### 5.3.1 接口定义

接口用 interface 来定义。定义方式类似于类，也是分为两部分，即接口声明和接口体。

```
interface MyInterf{              //接口声明
    属性;                        //大括号之间的是接口体
    方法;
}
```

和类不同之处在于接口中的方法没有具体实现，用 ";" 结尾即可。例如：

```
interface MyInterf{
    final int MAX = 100;
    void add();
    float average(int a, int b);
}
```

另外，接口中所有的方法都是 public 的，在定义接口时不需要再对它们加 public 关键字。

### 5.3.2 接口被实现

类实现接口使用关键字 implements，例如：

```
class myClass implements MyInterf{
    ......
}
```

如果一个类实现了某个接口，那么这个类必须实现该接口的所有方法。

接口中的方法都是默认 public 的，所以类在实现接口方法时，都要用 public 来修饰。

**例 5.7**：

```
interface Runner{ //定义一个 Runner 接口
    void run();
}
interface Swimmer{//定义一个 Swimmer 接口
    double swim();
}

class Person implements Swimmer,Runner{      //Person 类实现了 Swimmer 和 Runner 接口
    public void run(){ //Runner 接口内的 run 方法必须被实现，而且带有 public 关键字
        System.out.println("run now");
    }
    public double swim(){//Swimmer 接口内的 swim 方法必须被实现，而且带有 public 关键字
        double speed = 20;
        return speed;
    }
```

```
}
class Frog implements Swimmer,Runner{//Person 类实现了 Swimmer 和 Runner 接口
    public void run(){          //Runner 接口内的 run 方法必须被实现
        System.out.println("in fact I can climb only");
    }
    public double swim(){       //Swimmer 接口内的 swim 方法必须被实现
        double speed = 10;
        return speed;
    }
}
public class UseInterface{
    public static void main(String[] args) {
        Person ps = new Person();
        ps.run();
        System.out.println(ps.swim());
        Frog fr = new Frog();
        fr.run();
        System.out.println(fr.swim());
    }
}
```

程序运行结果：

```
run now
20.0
in fact I can climb only
10.0
```

在类中实现接口的方法时，方法的名字、返回类型、参数个数及类型必须与接口中的完全一致。而且默认情况下，接口的方法都是 public 权限。不同类实现同一个接口内容是不一样的，如例 5.7 中 Person 类和 Frog 类。

### 5.3.3 接口的特性

接口不是类，所以不能 new 一个对象。

例如，例 5.7 中的接口 Runner，如果：

```
ru = new Runner( );
```

则是错误的。

但是，可以用接口来声明一个对象，例如：

```
Runner ru;
```

然后，用实现了该接口的类来实例化对象，例如：

```
Ru = new Person( );
```

## 5.4 异常处理

在一个完美的世界中,用户输入数据的格式永远是正确的,选择打开的文件一定存在,代码没有 bug,然而,这个完美的世界是不存在的,只出现于我们的梦想中。软件在开发和使用中存在问题是不可避免的,人们遇到错误时会很不愉快,我们能做的有以下两点:

(1) 通知用户出现的错误和问题;

(2) 让这些错误和问题尽量影响小一些,比如保存好用户的数据不至于丢失,使系统不中断运行等。

对于很多种情况,比如运算时除数为 0,操作数超出数据范围,打开一个文件时发现文件不存在,网络连接突然中断等,我们称之为"异常"。对于异常情况,可以在源程序中加入异常处理代码,当程序出现异常时,由异常处理代码调整程序的运行流程,使程序能够报错,能够正常运行直到结束。

### 5.4.1 异常类型及结构

在 Java 异常发生后,系统会产生一个异常事件,生成一个异常类型对象。会生成哪些异常对象呢?

Java 中的异常对象是以类的层次结构进行组织的,如图 5.1 所示。

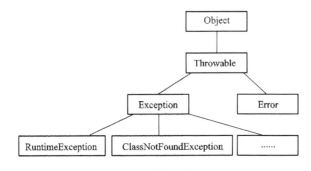

图 5.1 异常类层次结构

在图 5.1 中可以看到,Throwable 类是 Exception 类和 Error 类的父类,Exception 类有多种类型的子类。包括:

RuntimeException:运行时异常。

EmptyStatckException:试图访问一个空堆栈中的元素。

NoSuchFieldException:试图访问一个不存在的域。

NoSuchMethodException:试图访问不存在的方法。

ClassNotFoundException:指定名字的类或者接口没有被发现。

CloneNotSupportedException:克隆一个没有实现 Cloneable 接口的类。

IllegalAccessException:当前执行的方法无法访问指定类。

InstantiationException：试图创建一个对象实例，但指定的对象没有被实例化，因为它是一个接口、抽象类或者一个数组。

InterruptedException：当前的线程正在等待，另一个线程中断了当前线程。

……

RuntimeException（运行时异常）又包括：

ArtithmeticException：算术异常类，遇到了异常的算术问题，例如被 0 整除。

ArrayStoreException：数组存储异常类，试图把与数组类型不相符的值存入数组。

ClassCastException：类型强制转换异常类，试图把一个对象的引用强制转换为不适合的类型。

IndexOutOfBoundsException：下标越界异常类，下标越界。

NullPointerException：空指针异常，试图使用一个空的对象引用。

SecurityException：违背安全原则的异常类，检测到了违反安全的行为。

……

## 5.4.2 try-catch 语句

Java 使用 try-catch 语句来处理异常，将可能出现的异常放在 try-catch 语句的 try 部分。当 try 部分中的某个语句发生异常后，try 部分将立刻结束执行，而转向执行相应的 catch 部分，所以应该将处理异常的语句放在 catch 部分。

语句格式如下：

**try**{
    包含可能发生异常的语句
}
**catch**(某种异常类 对象){
    处理异常的语句
}
**catch**((某种异常类 对象){
    处理异常的语句
}

各个 catch 方法的参数都是 Exception 类的子类。catch 方法可以有一个或者多个。

例 **5.8**：

```
public class UseException {
    public static void main(String[] args) {
        int n = 0,m = 0,t = 0;
        try{
            m = Integer.parseInt("88");//将字符串 88 转换为整数格式的 88
            n = Integer.parseInt("88aa");//会发生异常,转向 catch 语句
            t = 99;//因为上一句到了 catch 语句,所以本句不会被执行
        }
        catch(NumberFormatException e){
```

```
            System.out.println("发生异常: "+e.getMessage());
        }
        System.out.println("m = "+m);
        System.out.println("n = "+n);
        System.out.println("t = "+t);
    }
}
```
程序运行结果：
发生异常: For input string: "88aa"
m = 88
n = 0
t = 0

在例 5.8 中，因为字符串格式的"88aa"含有字符，它是不可能转化成整数的，所以转化整数的语句"Interger.parseInt("88aa")"会出现异常，第一句打印出的语句是"发生异常：For input string："88aa""，即为程序所做的异常处理。而且，n 和 t 都不再执行，得不到赋值，所以打印出来都是 0。

### 5.4.3 finally 语句

当一个异常被抛出时，程序的执行就不再是连续的了，会跳过某些语句，甚至会由于没有与之匹配的 catch 语句而过早地返回。可有时要确保一段代码必须被执行，不管是否发生异常情况，那这部分代码该怎样处理呢？使用关键字 finally。

例 5.9：
```java
public class UseFinally {
    public static void main(String[] args) {
        int a = 88,b = 99;
        int c[] = {1,32};
        try{
            b = a/0;         //此句会出现异常
            c[45] = 34;
        }
        catch(ArithmeticException e){
            System.out.println(e);
        }
        catch(ArrayIndexOutOfBoundsException e){
            System.out.println(e);
        }
        finally{
            System.out.println("a = "+a);
            System.out.println("b = "+b);
```

```java
        for(int j = 0;j<c.length;j++){
            System.out.println("c 数组内的值"+c[j]);
        }
    }
}
```

程序运行结果：

java.lang.ArithmeticException: / by zero

a = 88

b = 99

c 数组内的值 1

c 数组内的值 32

从例 5.9 中，需要处理的异常有两个，一个是"0 作为除数"的异常，一个是数组下标越界的异常。当执行到 b = a/0 时，程序就跳到第一个 catch 处进行处理，然后执行 finally 后面的语句。

温馨提示：可以在 catch 语句中不指出捕获什么类型的异常，而是捕获所有种类的异常。

**例 5.10**：

```java
public class CatchAllExp {
    public static void main(String[] args) {
        int a = 88,b = 99;
        int c[] = {1,32};
        try{
            b = a/0;
            c[45] = 34;
        }
        catch(Exception e){    // 捕获所有种类的异常
            System.out.println(e);
        }
        finally{
            System.out.println("a = "+a);
            System.out.println("b = "+b);
            for(int j = 0;j<c.length;j++){
                System.out.println("c 数组内的值"+c[j]);
            }
        }
    }
}
```

程序运行结果：

java.lang.ArithmeticException: / by zero

```
a = 88
b = 99
c 数组内的值 1
c 数组内的值 32
```

在 catch 中捕获"所有的异常（即 Exception 类）"有多个好处：

（1）我们可以不必记住种类繁多异常的种类；

（2）我们可以不担心写错异常种类；

（3）只要出现异常都可以被捕获，因为所有的异常类都是继承自 Exception 类的。

### 5.4.4 throw 语句

在给程序加入异常处理时，也可以自己写一个 throw 语句来抛出异常，throw 后面要抛出的异常应该指明类型。

例 5.11：

```java
public class UseThrow {
    static void exampleThrow(){
        try{
            throw new NullPointerException("空指针异常");
        }
        catch(NullPointerException e){
            System.out.println("exampleThrow方法里捕获的异常"+e);
            throw e;
        }
    }
    public static void main(String[] args) {
        try{
            exampleThrow();
        }
        catch(NullPointerException e){
            System.out.println("再次捕获"+e);
        }
    }
}
```

程序运行结果：

exampleThrow 方法里捕获的异常 java.lang.NullPointerException：空指针异常

再次捕获 java.lang.NullPointerException：空指针异常

在例 5.11 中，程序在 throw 语句处终止，转向 try…catch 语句寻找异常处理方法。

### 5.4.5 throws 语句

throws 语句和 throw 语句不同，throws 语句用于自己不想处理异常，而是调用它的方法去处理异常的情况，写在方法名的后面。

例5.12：
```java
public class UseThrows {
    static void fangFa() throws IllegalAccessException{
        System.out.println("这里抛出了一个异常");
        throw new IllegalAccessException();
    }
    public static void main(String[] args) {
        try{
            fangFa();
        }
        catch(Exception e){
            System.out.println("要处理那个fangFa方法,我就需要捕获异常"+e);
        }
    }
}
```

程序运行结果：

这里抛出了一个异常

要处理那个 fangFa 方法,我就需要捕获异常 java.lang.IllegalAccessException

## 5.5 上机练习

**练习1** 请举一个 0 作为除数时，进行异常处理的例子。

**练习2** 举例说明接口及其方法的使用。

## 5.6 参考答案

**练习1参考答案：**
```java
public class ExpExercise {
    public static void main(String[] args) {
        try{
            int i = 90;
            System.out.println(i/0);
        }
        catch(Exception e){
            System.out.println("异常出现: "+e.getMessage());
        }
```

```java
    finally{
        System.out.println("看看finally语句执行了吗?");
    }
  }
}
```

程序运行结果:

异常出现: / by zero

看看finally语句执行了吗?

**练习2参考答案:**

```java
interface canFly { // 定义接口canFly;
    void fly();// 定义无返回值的方法fly;
}
interface canTalk {// 定义接口canTalk;
    void talk();// 定义无返回的方法talk;
}
interface canEat {// 定义接口canEat;
    void eat();// 定义无返回值的方法eat;
}

public class InterfaceTest implements canEat, canFly {
// InterfaceTest类实现canEat,canFly接口
    public void eat() {
        System.out.println("我爱吃米饭");// 实现eat方法,并打印出字符串
    }
    public void fly() {
        System.out.println("我能飞三尺高");// 实现fly方法,并打印出字符串
    }
    public static void main(String[] args) {
        InterfaceTest bird = new InterfaceTest();// 创建一个对象
        bird.fly();// 由对象调用方法
        bird.eat();
    }
}
```

程序运行结果:

我能飞三尺高

我爱吃米饭

# 第6章 Java Applet

## 6.1 Applet 常用方法

### 6.1.1 Applet 生命周期

Applet 也被称为"小应用程序",可以在支持 Java 语言的浏览器环境中运行,也就是说 Applet 是能够嵌入到一个 HTML 页面中,通过浏览器执行的 Java 类。在第 1 章曾写过我们的第一个 Applet 程序,比较简单,实现浏览器中输出一些字符串。现在要学习更复杂也具有更强大功能的 Applet 程序。

例 6.1：

```java
import java.applet.*;        //Applet 程序要继承 java.applet 包中的 Applet 类,
                             //所以需要引入
import java.awt.*;           //程序中要用到 java.awt 包中的 Image、Graphics 类,
                             //所以需要引入
public class FirstApplet extends Applet{
    Image img;
    public void init(){
        try {
            img = getImage(new java.net.URL("file:///f:/"), "1.jpg");
                            //1.jpg 文件在 F 盘
        } catch (Exception e) {
            e.printStackTrace();
        }
    }
    public void paint(Graphics g) {
        g.drawImage(img, 10, 10, this);
    }
}
```

程序运行结果如图 6.1 所示。

Applet 程序必须有一个类是 Applet 的子类,即"extends Applet",这个子类就被称为 Applet 的主类,并且主类必须被修饰为 public 的。

图 6.1　FirstApplet 的程序运行结果

例 6.1 中，在 Applet 里加入了一个图片，并且把它显示出来，用到了两个方法：

（1）public void init( )方法是 Applet 的初始化方法，第一次加载 Applet 时，该方法里面的代码内容会得到执行。初始化的主要任务是创建所需要的对象、设置初始状态、装载图像及设置参数等。

（2）public void paint(Graphics g)

上面的例 6.1 里用到了两个方法，其实，Applet 全部的生命周期除了 init 方法外，还有 3 个方法。

（1）start 方法：该方法用于通知 Applet 可以开始执行。浏览器在调用 init 方法后，会接着调用 start 方法；以后每次 Applet 被激活时，都会调用 start 方法。也就是说，init 方法只被调用一次，而 start 方法会多次被调用执行。

（2）stop 方法：当浏览器离开 Applet 所在的页面转到其他页面时，stop 方法将被调用。如果浏览器又回到此页，则 start 方法被调用，start 方法体内的代码被执行一遍。在 Applet 的生命周期中，stop 方法和 start 方法都是被调用执行多次。例如，有一个音乐播放功能，如果在 stop 方法里给出了停止播放的语句，当浏览器离开 Applet 所在的页面去浏览其他页面时，音乐会中止。如果没有在 stop 方法里给出停止播放的语句，浏览器离开该页面去浏览其他页面时，音乐不会中止。

（3）destroy 方法：浏览器结束浏览时，destroy 方法会被调用，结束 Applet 的生命。

例 **6.2**：
```
import java.awt.*;
import java.applet.*;
public class AppletLife extends Applet{
    StringBuffer buffer = new StringBuffer();
    public void init(){
        addWords("初始化…");
    }
    public void start(){
        addWords("开始…");
    }
```

```
    public void stop(){
        addWords("停止…");
    }
    public void destroy(){
        addWords("清除…");
    }
    public void paint(Graphics g){
        g.drawString(buffer.toString(),5,15);
    }
    void addWords(String s){
        System.out.println(s);
        buffer.append(s);
        repaint();
    }
}
```

例 6.2 展示了一个 Applet 的生命周期，4 个方法对应着 4 个阶段：init（初始化）、start（开始）、stop（停止）和 destory（清除）。每个方法都调用自定义方法 addWords 来显示相应的字符串。addWords 方法首先在屏幕上显示字符串参数，然后将字符串添加到字符串缓冲区 buffer，最后调用 repaint 方法重画，而 repaint 方法则自动调用 paint 方法在指定的位置显示字符串。

Buffer 是 StringBuffer 类型，可调用 toString 方法转换成 String 类型输出。

程序运行结果如图 6.2 所示，可以看到 Applet 显示的内容为"初始化…开始…"，表明当 Applet 出现时，首先执行了 init，然后是 start。当关闭它时，可以从图 6.3 的"Console"面板中看到先执行"stop"，后执行"destroy"。

图 6.2 AppletLife 程序运行结果

图 6.3 AppletLife 关闭后 Console 显示的内容

## 6.1.2 Applet 的 paint 和 repaint 方法

paint(Graphics g)方法可以使 Applet 显示某些信息，如文字、色彩、图像等。它是浏览器运行过程中产生一个 Graphics 类的实例，并传递给参数 g 实现的。

需要注意的是：当 Applet 被其他页面遮挡，重新回到最前面的当前显示，或者 Applet

窗口改变大小时，paint 方法都会被重新执行。

**例 6.3：**
```java
import java.awt.*;
import java.applet.*;
//此程序页面上所显示数字会随着页面大小改变或重新显示而改变
public class UsePaint extends Applet{
    int x = 5;
    public void paint(Graphics g){
        g.drawString("看这个数字: "+x,20,20);
        x = x+1;
    }
}
```

程序运行结果如图 6.4 所示。

当 Applet 被其他页面遮挡，重新回到最前面的当前显示，或者 Applet 窗口改变大小时，页面上所显示数字会每次加 1，变化后的 UsePaint 运行结果如图 6.5 所示。

图 6.4  UsePaint 运行结果

图 6.5  改变后的运行结果

**例 6.4：**
```java
import java.awt.*;
import java.applet.*;
public class UsePaintAnother extends Applet{
    int x = 9,a = 1;
    public void paint(Graphics g){
        x = x+1;
        g.drawString("改变页面大小，这个数会边增加边向下走"+x,20,a = a+20);
    }
}
```

你可以利用 paint 的这一特性做一些好玩的程序！

在需要更新 Applet 画面时，可以调用 repaint 方法，该方法自动调用 paint 方法重新在 Applet 窗口上绘图。

## 6.2 Applet 中的图像处理

图片具有独特魅力，能够表达更丰富的内容，在程序中插入图片会有很好的运行效果。Java 直接支持的图片格式有 GIF 和 JPEG（JPG）。

### 6.2.1 图像种类

先来了解几种常见的图像格式：

（1）JPEG（JPG）全称为联合图像专家组（Joint Photographic Experts Group），常用来显示照片和具有连续色调的图像。JPEG 文件的扩展名为.jpg 或.jpeg，其压缩技术十分先进，它用有损压缩方式去除冗余的图像和彩色数据，获取极高的压缩率的同时能展现丰富生动的图像，换句话说，就是可以用最少的磁盘空间得到较好的图像质量。

目前各类浏览器均支持 JPEG 这种图像格式，因为 JPEG 格式的文件尺寸较小，下载速度快，使得 Web 页有可能以较短的下载时间提供大量美观的图像，JPEG 同时也就顺理成章地成为网络上最受欢迎的图像格式。

（2）GIF 全称为图形交换模式（Graphics Interchange Format），它是一种压缩的 8 位图像文件。正因为它是经过压缩的，而且又是 8 位的，所以这种格式的文件大多用于网络传输上，速度要比传输其他格式的图像文件快得多。缺点：不能用于存储真彩的图像文件，只支持 256 色范围内的图像。但是，GIF 文件有一个最突出的一个优点，那就是它可以制作动画。制作方法是：首先，在图像处理软件中作好 GIF 动画中的每一幅单帧画面，然后再用专门的制作 GIF 文件的软件把这些静止的画面连在一起，再定好帧与帧之间的时间间隔，最后再保存成 GIF 格式就可以了。制作 GIF 文件的软件很多，比较常见的有 Animagic GIF、GIF Construction Set、GIF Movie Gear、Ulead Gif Animator 等。

（3）BMP 英文 Bitmap（位图）的简写，它是 Windows 操作系统中的标准图像文件格式，能够被多种 Windows 应用程序所支持。随着 Windows 操作系统的流行与丰富的 Windows 应用程序的开发，BMP 位图格式理所当然地被广泛应用。这种格式的特点是包含的图像信息较丰富，几乎不进行压缩，但由此导致了它与生俱来的缺点——占用磁盘空间过大。所以，目前 BMP 在单机上比较流行，不太适合 Internet 上使用，Java 不能直接显示这种图像。

Java 能够直接支持的图片格式有 GIF 和 JPEG（JPG）。例 6.1 中已经看到了一个 JPG 格式的例子，下面看一个 GIF 动态图片格式的例子。

**例 6.5：**
```
import java.applet.*;
import java.awt.Graphics;
import java.awt.Image;
public class GifApplet extends Applet{
    Image img;
    public void init(){
        try {
```

```
            img = getImage(new java.net.URL("file:///d:/test/"), "2.gif");
                            //注意学习在d盘的某个文件夹下面的格式
        } catch (Exception e) {
            e.printStackTrace();
        }
    }
    public void paint(Graphics g) {
        g.drawImage(img, 10, 10, this);
    }
}
```

程序运行结果如图6.6所示。

图 6.6  GIF 动态图片的插入

## 6.2.2  图像显示和缩放

在例6.1里已经看到显示图像的代码，主要包括两个步骤：加载图像和画出图像。先创建一个Image对象img，通过Applet的getImage方法加载图像1.jpg。然后在paint方法里通过drawImage方法把图像显示出来。

如果希望缩放图像的大小，又不想使图像因缩放而变形失真，可将原图按比例缩放。即先调用getHeight方法和getWidth方法得到原图的高和宽，然后按需显示，如例6.6所示。

例 **6.6**：

```
import java.applet.*;
import java.awt.Graphics;
import java.awt.Image;

public class ShowImage extends Applet {
    Image img;
    public void init(){
```

```
        img = getImage(getCodeBase(), "2.jpg");//1.jpg 在默认指定位置,即与 HTML
                                                 文件处于同一服务器目录
    }
    public void paint(Graphics g) {
        int h = img.getHeight(this);
        int w = img.getWidth(this);
        g.drawImage(img, 10, 10, this);
        g.drawImage(img, 150, 70, w/2, h/2, this);
        g.drawImage(img, 240, 0,w*2, h*2, this);
    }
}
```

程序运行结果如图 6.7 所示。

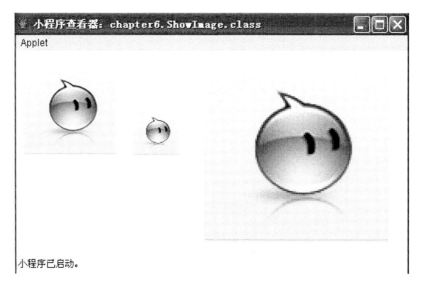

图 6.7  ShowImage 程序运行结果

该程序加载了一个图像,在 paint 方法里调用 getWidth 和 getHeight 方法取得图像的高和宽,然后分别显示了原图、缩小一倍和放大一倍的图。

如果加载一幅动画的图片进来,例如 GIF 格式的动画,那么 Applet 显示的就会是一个动态的图片了。

温馨提示:在例 6.6 中,没有像例 6.1 那样使用图片的绝对路径,而是用了 getCodeBase( )方法取图片的位置信息。也就是说我们把图片放在了和程序相关的默认位置。这个位置在哪里呢?Applet 运行程序所在位置,即放在和 ShowImage.class 所在的位置之上一级的目录下。

例 6.1、例 6.5、例 6.6 中分别展示了不同类型路径下图片如何找到。

### 6.2.3  动画播放

动画是指连续而平滑地显示的多幅图像。动画的质量一方面取决于图像的质量,另一方面取决于平滑程度。在计算机上，10~30 幅/秒的速度显示图像即可达到满意的动画质量。

动画的原理非常简单，首先在屏幕上显示第一幅图画，过一会儿把它擦掉，然后再显示下一幅图画，如此循环往复。由于人眼存在一个视觉差，所以感觉画面上的物体在不断运动。

**例 6.7：**

```java
package chapter6;
import java.applet.*;
import java.awt.*;
public class PlaneApp extends Applet{
    Image im1,im2;
    int x = 300;
    public void init(){
        try {
            im1 = getImage(new java.net.URL("file:///d:/test/"), "sky.jpg");
            im2 = getImage(new java.net.URL("file:///d:/test/"), "plane.jpg");
        } catch (Exception e) {
            e.printStackTrace();
        }
    }
    public void paint(Graphics g) {
        int h = im1.getHeight(this);
        int w = im1.getWidth(this);
        g.drawImage(im1, 10, 10, w*3,h*2,this);
        g.drawImage(im2, x, 50, this);
        try{
            Thread.sleep(50);
            x = x-5;
            if(x == 10){
                x = 300;
                Thread.sleep(1000);
            }
        }
        catch(Exception e){
        }
        repaint();
    }
}
```

程序运行结果如图 6.8 所示。

图 6.8 PlaneApp 运行结果

这是一个很简单的动画：在 Applet 中有一个天空的背景图，一个飞机从右向左飞过。

程序中创建了两个 Image 对象 im1 和 im2，在 init 方法中加载了这两个图像文件。用 x 表示飞机位置。在 paint 方法中，天空总是画在指定位置（10，10），为了让天空的图片大一些，该图片的大小为 3 倍原宽，2 倍原高。当然，应用中可以直接放置一张高像素的大图片。飞机的初始位置是（300，50），x 的值不断减小，看起来就是飞机从右向左飞去。

在 try-catch 语句中，我们接触了一个新知识点，Thread（线程类）有一个 sleep 静态方法（static 关键字修饰的方法由类调用），因为 sleep 方法会产生中断异常，所以需要放在 try-catch 语句里。如果不使用 sleep 方法，程序快速地进入循环中，我们就没办法看了。画面 repaint 的速度取决于 sleep 方法中时间参数的大小，该时间参数以毫秒为单位。

在飞机飞到最左边，也就是 x 的值等于 10 时，我们就让 x 的值重新等于 300，使飞机又重新从右飞向左边。

运行这个 Applet 时，会出现画面的闪烁现象，而且图像越大，闪烁现象越明显。为了达到平滑而又没有闪烁的动画效果，应该考虑采取补救措施，如覆盖 update 方法。

## 6.3 Applet 中的声音处理

Java 也提供了播放声音文件的方法，在 Applet 中，播放声音文件的最简单方法就是使用 Applet 类的 play( )，该方法有两种形式：

**public void** play(URL url);
**public void** play(URL url,String name);

例 **6.8**：
**package** chapter6;
**import** java.awt.Graphics;

```java
import java.applet.*;
public class SoundApplet extends Applet{
    public void paint(Graphics g){
        g.drawString("请听音乐", 10, 20);
        play(getCodeBase(),"sound/1.wav");
    }
}
```

程序运行后,就可以听到1.wav的播放了。或者也可以像例6.9这样来播放音乐。

例6.9:
```java
import java.applet.*;
public class BackgroundApplet extends Applet{
    public void init(){
        try{
        play(new java.net.URL("file:///d:/test/"),"open.wav");
        }
        catch(Exception e){
        }
    }
}
```

除了使用上面例6.8和例6.9这样简单的声音播放方法之外,还可以像处理图像那样处理声音文件,先将声音对象装入内存,然后进行播放。采用这种方式播放声音文件时,需要使用java.applet.AudioClip中的方法,因此需要事先获取一个AudioClip方法。

例6.10:
```java
package chapter6;
import java.applet.*;
public class MusicApplet extends Applet {
    AudioClip clip;
    public void init(){
        try {
            clip = getAudioClip(new java.net.URL("file:///f:/"),"1.wav");
        } catch (Exception e) {
            e.printStackTrace();
        }
    }
    public void stop(){
        clip.stop();
    }
}
```

下面的例6.11包含"开始播放"、"循环播放"和"停止播放"3种功能的实现。

**例 6.11:**

```java
import java.awt.*;
import java.awt.event.*;
import java.applet.*;
public class PlayMusic extends Applet implements ActionListener{
    AudioClip clip;
    Button button_play,button_loop,button_stop;//声明三个button
    public void init(){
        clip = getAudioClip(getCodeBase(),"1.wav");//获得音频对象
        button_play = new Button("play");
        button_loop = new Button("loop");
        button_stop = new Button("stop");
        button_play.addActionListener(this);
        button_loop.addActionListener(this);
        button_stop.addActionListener(this);
        add(button_play);//添加三个按钮
        add(button_loop);
        add(button_stop);
    }
    public void stop(){
        clip.stop();
    }
    public void actionPerformed(ActionEvent e){
        if(e.getSource() == button_play){
            clip.play();//音频播放
        }
        else if(e.getSource() == button_loop){
            clip.loop();//音频循环播放
        }
        else if(e.getSource() == button_stop){
            clip.stop();//音频停止播放
        }
    }
}
```

图 6.9 PlayMusic 运行结果

程序运行结果如图 6.9 所示。

## 6.4 Applet 中的鼠标事件处理

首先来回答"什么是事件"这一基本问题。其实事件本身就是一个抽象的概念,在面

向对象的程序设计中,事件消息是对象间通信的基本方式。在图形用户界面程序中,GUI组件对象根据用户的交互产生各种类型的事件消息,这些事件消息由应用程序的事件处理代码捕获,在进行相应的处理后驱动消息响应对象作出反应。在 GUI 上进行操作的时候,在单击某个可响应的对象时,如按钮、菜单,我们都会期待某个事件的发生。其实围绕 GUI 的所有活动都会发生事件,但 Java 事件处理机制却可以让我们挑选出需要处理的事件。

在学习事件处理时,必须很好地掌握事件源、监视器和接口这 3 个概念。

(1) 事件源

能够产生事件的对象都可以成为事件源,如文本框、按钮、下拉列表等。也就是说,事件源必须是一个对象,而且这个对象必须是 Java 认为能够发生事件的对象。当某个事件源产生对象的时候,事件源会向注册的所有事件监听器对象发一个通告。

(2) 监视器

需要一个对象对事件源进行监视,以便对发生的事件做出处理。事件源通过调用相应的方法将某个对象作为自己的监视器。例如 ActionEvent 事件方法为:

`addActionListener(监视器的对象)`

对于获得了监视器的对象,当事件源获得监视器之后,相应的操作就会导致事件的发生,并通知监视器,监视器就会作出相应的处理。

在 Java 中,所有的事件对象都派生自 java.util.EventObjet 类,当然每个事件类型还有子类,如 ActionEvent、WindowEvent、MouseEvent 等。

(3) 处理事件的接口

监视器负责处理事件源发生的事件。监视器是一个对象,为了处理事件源发生的事件,监视器这个对象会自动调用一个方法来处理事件。那么监视器调用哪个方法呢?Java 规定:为了让监视器这个对象能对事件源发生的事件进行处理,创建该监视器对象的类必须声明实现相应的接口,即必须在类体中给出所有方法的方法体,那么当事件源发生事件时,监视器就自动调用类实现的某个接口方法。

对于 ActionListener 接口,它只有一个方法必须实现:

`public void actionPerformed(ActionEvent e)`

对于鼠标事件,接口是 MouseListener,它有 5 个需要实现的方法:

- mousePressed(MouseEvent);     鼠标键按下。
- mouseReleased(MouseEvent);    鼠标键释放。
- mouseEntered(MouseEvent);     鼠标进入。
- mouseExited(MouseEvent);      鼠标退出。
- mouseClicked(MouseEvent);     鼠标单击。

例 6.12:

```
import java.applet.Applet;
import java.awt.*;
import java.awt.event.*;
//学习 MouseEvent 的常用方法和 MouseListener 接口的方法
public class MouseListenExample extends Applet implements MouseListener{
    TextField text;//声明一个文本框
```

```
public void init(){//Applet 初始化的方法
    text = new TextField(30);//新创建一个文本框
    add(text);//将文本框添加到 Applet 中
    addMouseListener(this);//Applet 添加 MouseListener 接口
}
public void mousePressed(MouseEvent e){    //鼠标键按下会触发的事件
    text.setText("鼠标键按下了,位置是"+e.getX()+"和"+e.getY());
}
public void mouseExited(MouseEvent e){  //鼠标离开会触发的事件
    text.setText("鼠标键离开了");
}
public void mouseReleased(MouseEvent e){ //鼠标键释放会触发的事件
    text.setText("鼠标键被释放了,位置是"+e.getX()+"和"+e.getY());
}
public void mouseEntered(MouseEvent e){  //鼠标进入窗口会触发的事件
    text.setText("鼠标移进来了,位置是"+e.getX()+"和"+e.getY());
}
public void mouseClicked(MouseEvent e){  //鼠标单击会触发的事件
    if(e.getClickCount() == 2){
        text.setText("鼠标键双击了,位置是"+e.getX()+"和"+e.getY());
    }
    else{}
}
}
```

程序运行结果如图 6.10 所示。

图 6.10 MouseListenExample 运行结果截图

思考一个问题：在例 6.12 中，如果只处理 MouseListener 的某个事件，即只关心鼠标单击时（mouseClicked(MouseEvent)）要做的事情，那么下面其他几个方法要写吗？
- mousePressed(MouseEvent);    鼠标键按下。
- mouseReleased(MouseEvent);    鼠标键释放。

- mouseEntered(MouseEvent);   鼠标进入。
- mouseExited(MouseEvent);    鼠标退出。

答案：要写，因为实现一个接口时，该接口所有的方法都要实现。如图 6.11 所示的 API，MouseListener 接口有 5 个方法。

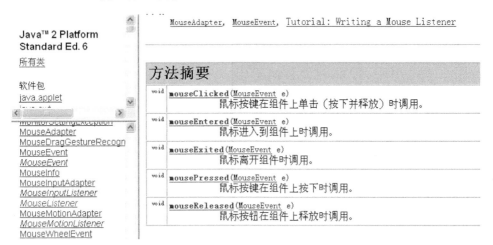

图 6.11　MouseListener 接口的 API

我们来写一个例 6.13，只关心 MouseClicked 事件，其他事件只给出空实现。

例 **6.13**：

```java
import java.applet.Applet;
import java.awt.*;
import java.awt.event.*;
public class OnlyMouseClick extends Applet implements MouseListener{
    int y = 0;
    public void init(){
        addMouseListener(this);
    }
    public void mousePressed(MouseEvent e){
    }
    public void mouseExited(MouseEvent e){
    }
    public void mouseReleased(MouseEvent e){
    }
    public void mouseEntered(MouseEvent e){
    }
    public void mouseClicked(MouseEvent e){
        y = y+1;
        if(y%3 == 1){   //第一种状态
```

```
            setBackground(Color.red);              //设置背景为红色
        }
        else if(y%3 == 2){    //第二种状态
            setBackground(Color.yellow);           //设置背景为黄色
        }
        else if(y%3 == 0){    //第三种状态
            setBackground(Color.green);            //设置背景为绿色
        }
    }
}
```

代码分析：每次单击鼠标时，y 值加 1，然后进行判断，如果对 3 取余得到 1，则使窗口背景成为红色；如果对 3 取余得到 2，则使窗口背景成为黄色；如果对 3 取余得到 0，则使窗口背景成为绿色。因为只可能有这 3 种取余的结果，所以窗口就在每次鼠标单击时改变成这 3 种颜色之一。

在例 6.13 中，我们只关心 MouseClick，也就是鼠标单击后的事件，不关心其他的鼠标事件，如按下释放等，但是在写程序时必须要把其他 4 个方法写上，方法的大括号里为空内容即可。

鼠标不仅有 MouseListener 接口，还有 MouseMotionListener 接口，用于处理鼠标拖动和鼠标移动事件。

鼠标拖动（MouseDragged）和鼠标移动（MouseMoved）区别在于是否是按着鼠标左键进行的动作。拖动是按着鼠标左键动鼠标，移动不需要按下鼠标。

例 6.14 是使用鼠标 MouseMotionListener 接口的例子，实现了简单的鼠标作画程序。

**例 6.14：**

```java
import java.applet.Applet;
import java.awt.*;
import java.awt.event.*;
//用鼠标作画的简单程序
public class UseMouse extends Applet implements MouseMotionListener{
    int x = -1,y = -1;//记录鼠标位置
    public void init(){//Applet 初始化的方法
        setBackground(Color.GREEN);//设置 Applet 窗口为绿色背景
        addMouseMotionListener(this);//窗口增加 MouseMotionListener 监听器
    }
    public void paint(Graphics g){
        if(x! = -1&&y! = -1){//判断鼠标是否已经进入窗口，如果是在窗口内则
            g.setColor(Color.red);  //设置红色
            g.drawLine(x,y,x,y);    //画出点
        }
    }
```

```
    public void mouseDragged(MouseEvent e){//鼠标拖动时触发的事件
        x = (int)e.getX;   //得到鼠标 x 坐标
        y = (int)e.getY(); //得到鼠标 y 坐标
        repaint();       //刷新屏幕显示
    }
    public void mouseMoved(MouseEvent e){}
    public void update(Graphics g){
        paint(g);
    }
}
```

程序运行结果：

生成一个绿色背景的窗口，可以使用鼠标在该窗口上画画，如图 6.12 所示。

图 6.12　UseMouse 程序运行结果

代码分析：

（1）g.drawLine(x,y,x,y);　因为起始点位置为 x,y，终止点位置为 x,y，所以画出了一个点。

（2）MouseDragged 方法是我们所关心的方法，MouseMoved 方法仅给出了方法名和空的实现。

（3）repaint()方法执行时会调用 update(Graphics g)方法，因为 update 方法中内容为 paint(g)，所以 paint 方法内的画点会更新显示出来，窗口上就形成了红点组成的线和图案。

## 6.5　Applet 中的键盘事件处理

键盘事件处理的处理机制和 6.4 节讲的鼠标事件处理相似，只是相应的接口换成了 KeyListener，接口下待实现的方法为 3 个：

（1）public void keyPressed(KeyEvent);

（2）public void keyReleased(KeyEvent);

（3）public void keyTyped(KeyEvent)。

现在来学习例 6.15 的 UseKey 程序。

**例 6.15：**

```java
import java.applet.Applet;
import java.awt.*;
import java.awt.event.*;
public class UseKey extends Applet implements KeyListener{
    Button b[] = new Button[10];//声明和创建了10个按钮
    int x,y;   //用于记录按钮的位置信息
    public void init(){//初始化Applet窗口
        for(int i = 0;i <= 9;i++){
            b[i] = new Button(""+i);   //使10个按钮上显示相应的数字
            b[i].addKeyListener(this);//使10个按钮都带有键盘监听器
            add(b[i]);   //向Applet添加10个按钮。
        }
    }
    public void keyPressed(KeyEvent e){   //键盘键按下会触发的事件
        Button button = (Button)e.getSource();//将发生事件的按钮赋给一个变量
        x = button.getBounds().x;  //取得发生事件的按钮的x坐标
        y = button.getBounds().y;  //取得发生事件的按钮的y坐标
        if(e.getKeyCode() == KeyEvent.VK_UP){//键盘上箭头
            y = y-2;
            if(y <= 0)y = 0;
            button.setLocation(x,y);
        }
        else if(e.getKeyCode() == KeyEvent.VK_DOWN){  //键盘下箭头
            y = y+2;
            if(y >= 300)y = 300;
            button.setLocation(x,y);
        }
        else if(e.getKeyCode() == KeyEvent.VK_LEFT){  //键盘左箭头
            x = x-2;
            if(x <= 0) x = 0;
            button.setLocation(x,y);
        }
        else if(e.getKeyCode() == KeyEvent.VK_RIGHT){  //键盘右箭头
            x = x+2;
```

```
            if(x >= 300)x = 300;
                button.setLocation(x,y);
            }
    }
    public void keyReleased(KeyEvent e){
    }
    public void keyTyped(KeyEvent e){
    }
}
```

程序运行结果如图 6.13 所示。

图 6.13　UseKey 程序运行结果

可以使用键盘的上、下、左、右键来移动每一个按钮，让它们上下左右地移动，移成如图 6.14 所示的图案。

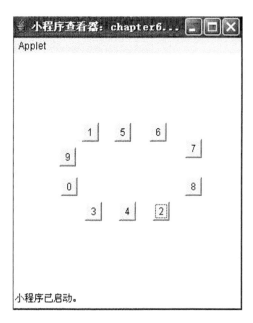

图 6.14　移动按钮后的图案

代码分析：

（1）例 6.15 程序中只关心 Key keyPressed 方法，但是 keyReleased 方法和 keyTyped 方

法也要写，具体实现部分代码为空。

（2）e.getKeyCode 方法用来判断用户在键盘上按下的是哪一个键，如果按下的是"↑"键，即键盘上箭头，则 y=y−2，按钮的 y 坐标值减小；因为每次移动时 y 值减去 2，所以有可能 y 会成为负数。增加一个 if 判断，如果 y 减少成 0 或更小，则设为 0。其他几个箭头键按下时处理类似。

（3）如果想知道键盘上其他的键怎么在程序里表示，可以参考键码表。本书列出了一些常用的键码，如表 6.1 所示。

表 6.1 键码表

| 常量名称 | 鼠标或按钮的值 | 常量名称 | 鼠标或按钮的值 |
|---|---|---|---|
| VK_CONTROL | Ctrl 键 | VK_BACK | Backspace 键 |
| VK_MENU | Alt 键 | VK_TAB | Tab 键 |
| VK_PAUSE | Pause 键 | VK_CLEAR | Clear 键 |
| VK_CAPITAL | Caps Lock 键 | VK_RETURN | Enter 键 |
| VK_ESCAPE | Esc 键 | VK_SHIFT | Shift 键 |
| VK_SPACE | SpaceBar 键 | VK_DECIMAL | . 键 |
| VK_PRIOR | Page Up 键 | VK_ADD | + 键 |
| VK_NEXT | Page Down 键 | VK_SUBTRACT | − 键 |
| VK_INSERT | Ins 键 | VK_MULTIPLY | * 键 |
| VK_DELETE | Del 键 | VK_DIVIDE | / 键 |
| VK_LEFT | Left Arrow 键 | VK_0~9 | 0~9 键 |
| VK_UP | Up Arrow 键 | VK_F1~F24 | F1~F24 键 |
| VK_RIGHT | Right Arrow 键 | VK_NUMLOCK | Num Lock 键 |
| VK_DOWN | Down Arrow 键 | VK_SCROLL | Scroll Lock 键 |
| VK_SELECT | Select 键 | VK_END | End 键 |
| VK_SNAPSHOT | Print Screen 键 | VK_HOME | Home 键 |

## 6.6 上机练习

**练习 1** 编写一个 Applet，使其运行时显示一组同心圆，其中两个圆的直径大小相差 10（pixel）。

**练习 2** 编写一个 Applet，在 Applet 中按下鼠标左键时，在鼠标位置画圆；按下鼠标右键，在鼠标位置画方；若鼠标退出画布，则清除所画图形。

**练习 3** 开发一些小游戏，例如贪吃蛇、蜘蛛纸牌、俄罗斯方块、连连看等。

## 6.7 参考答案

**练习 1 参考答案：**

```
import java.applet.Applet;
import java.awt.*;
public class TongXinYuan extends Applet {//该程序画出同心圆
    public void paint(Graphics g) {
        g.drawOval(20,20,40,40);
        g.drawOval(25,25,30,30);
    }
}
```

程序运行结果如图 6.15 所示。

图 6.15　TongXinYuan 运行结果

**练习 2 参考答案：**

```
import java.awt.*;
import java.awt.event.*;
import java.applet.Applet;
public class HuaFangYuan extends Applet implements MouseListener{
    int left = -1,right = -1,x = -1,y = -1;//left,right用于记录左右键，x,y记录
                                            鼠标位置
    public void init(){
        setBackground(Color.CYAN);
        addMouseListener(this);
    }
    public void paint(Graphics g){
        if(left == 1){g.drawOval(x,y,20,20);}
        else if(right == 1){
```

```
            g.drawRect(x,y,20,20);
        }
    }
    public void mouseClicked(MouseEvent e){
        x = e.getX();y = e.getY();
        if(e.getModifiers() == InputEvent.BUTTON1_MASK){
            left = 1;right = -1;
            repaint();
        }
        else if(e.getModifiers() == InputEvent.BUTTON3_MASK){
            right = 1;left = -1;
            repaint();
        }
    }
    public void mouseExited(MouseEvent e){
        left = -1;right = -1;
        repaint();
    }
    public void mouseReleased(MouseEvent e){
    }
    public void mouseEntered(MouseEvent e){
    }
    public void mousePressed(MouseEvent e){
    }
}
```

程序运行结果如图 6.16 所示。

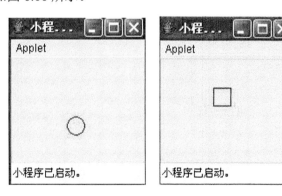

图 6.16　HuaFangYuan 程序运行结果

**练习 3 参考答案：贪吃蛇游戏（SnakeGame 类）**

```
import java.awt.*;
```

```java
import java.awt.event.*;
import java.util.ArrayList;
import javax.swing.*;

public class SnakeGame {
    public static void main(String[] args) {
        SnakeFrame frame = new SnakeFrame();
        frame.setDefaultCloseOperation(JFrame.EXIT_ON_CLOSE);
        frame.setVisible(true);
    }
}

// ----------记录状态的线程
class StatusRunnable implements Runnable {
    public StatusRunnable(Snake snake, JLabel statusLabel, JLabel scoreLabel) {
        this.statusLabel = statusLabel;
        this.scoreLabel = scoreLabel;
        this.snake = snake;
    }

    public void run() {
        String sta = "";
        while (true) {
            switch (snake.status) {
            case Snake.RUNNING:
                sta = "Running";
                break;
            case Snake.PAUSED:
                sta = "Paused";
                break;
            case Snake.GAMEOVER:
                sta = "GameOver";
                break;
            }
            statusLabel.setText(sta);
            scoreLabel.setText("" + snake.score);
            try {
                Thread.sleep(100);
            } catch (Exception e) {
```

            }
        }
    }
    private JLabel scoreLabel;
    private JLabel statusLabel;
    private Snake snake;
}

// ----------蛇运动以及记录分数的线程
class SnakeRunnable implements Runnable {
    public SnakeRunnable(Snake snake, Component component) {
        this.snake = snake;
        this.component = component;
    }

    public void run() {
        while (true) {
            try {
                snake.move();
                component.repaint();
                Thread.sleep(snake.speed);
            } catch (Exception e) {
            }
        }
    }

    private Snake snake;
    private Component component;
}

class Snake {
    boolean isRun;// ---------是否运动中
    ArrayList<Node> body;// -----蛇体
    Node food;// --------食物
    int derection;// --------方向
    int score;
    int status;
    int speed;
    public static final int SLOW = 500;
    public static final int MID = 300;

```java
    public static final int FAST = 100;
    public static final int RUNNING = 1;
    public static final int PAUSED = 2;
    public static final int GAMEOVER = 3;
    public static final int LEFT = 1;
    public static final int UP = 2;
    public static final int RIGHT = 3;
    public static final int DOWN = 4;

    public Snake() {
        speed = Snake.SLOW;
        score = 0;
        isRun = false;
        status = Snake.PAUSED;
        derection = Snake.RIGHT;
        body = new ArrayList<Node>();
        body.add(new Node(60, 20));
        body.add(new Node(40, 20));
        body.add(new Node(20, 20));
        makeFood();
    }

    // ------------判断食物是否被蛇吃掉
    // -------如果食物在蛇运行方向的正前方,并且与蛇头接触,则被吃掉
    private boolean isEaten() {
        Node head = body.get(0);
        if (derection == Snake.RIGHT && (head.x + Node.W) == food.x
                && head.y == food.y)
            return true;
        if (derection == Snake.LEFT && (head.x - Node.W) == food.x
                && head.y == food.y)
            return true;
        if (derection == Snake.UP && head.x == food.x
                && (head.y - Node.H) == food.y)
            return true;
        if (derection == Snake.DOWN && head.x == food.x
                && (head.y + Node.H) == food.y)
            return true;
        else
            return false;
```

```java
    }
    // ----------是否碰撞
    private boolean isCollsion() {
        Node node = body.get(0);
        // ------------碰壁
        if (derection == Snake.RIGHT && node.x == 280)
            return true;
        if (derection == Snake.UP && node.y == 0)
            return true;
        if (derection == Snake.LEFT && node.x == 0)
            return true;
        if (derection == Snake.DOWN && node.y == 380)
            return true;
        // --------------蛇头碰到蛇身
        Node temp = null;
        int i = 0;
        for (i = 3; i < body.size(); i++) {
            temp = body.get(i);
            if (temp.x == node.x && temp.y == node.y)
                break;
        }
        if (i < body.size())
            return true;
        else
            return false;
    }

    // -------在随机的地方产生食物
    public void makeFood() {
        boolean isInBody = true;
        int x = 0, y = 0;
        int X = 0, Y = 0;
        int i = 0;
        while (isInBody) {
            x = (int) (Math.random() * 15);
            y = (int) (Math.random() * 20);
            X = x * Node.W;
            Y = y * Node.H;
            for (i = 0; i < body.size(); i++) {
```

```java
                if (X == body.get(i).x && Y == body.get(i).y)
                    break;
            }
            if (i < body.size())
                isInBody = true;
            else
                isInBody = false;
        }
        food = new Node(X, Y);
    }

    // ---------改变运行方向
    public void changeDerection(int newDer) {
        if (derection % 2 != newDer % 2)// -------如果与原来方向相同或相反,则
                                        //       无法改变
            derection = newDer;
    }

    public void move() {
        if (isEaten()) {// -----如果食物被吃掉
            body.add(0, food);// --------把食物当成蛇头成为新的蛇体
            score += 10;
            makeFood();// --------产生食物
        } else if (isCollsion())// ---------如果碰壁或碰自身
        {
            isRun = false;
            status = Snake.GAMEOVER;// -----结束
        } else if (isRun) {// ----正常运行(不吃食物,不碰壁,不碰自身)
            Node node = body.get(0);
            int X = node.x;
            int Y = node.y;
            // ------------蛇头按运行方向前进一个单位
            switch (derection) {
            case 1:
                X -= Node.W;
                break;
            case 2:
                Y -= Node.H;
                break;
            case 3:
```

```
                    X += Node.W;
                    break;
                case 4:
                    Y += Node.H;
                    break;
                }
                body.add(0, new Node(X, Y));
                // --------------去掉蛇尾
                body.remove(body.size() - 1);
        }
    }
}

// ---------组成蛇身的单位,食物
class Node {
    public static final int W = 20;
    public static final int H = 20;
    int x;
    int y;

    public Node(int x, int y) {
        this.x = x;
        this.y = y;
    }
}

// ------画板
class SnakePanel extends JPanel {
    Snake snake;

    public SnakePanel(Snake snake) {
        this.snake = snake;
    }
    public void paintComponent(Graphics g) {
        super.paintComponent(g);
        Node node = null;
        g.setColor(Color.BLACK);
        for (int i = 0; i < snake.body.size(); i++) {// ---红蓝间隔画蛇身
            node = snake.body.get(i);
            g.fillRect(node.x, node.y, node.H, node.W);
        }
```

```java
            node = snake.food;
            g.setColor(Color.red);
            g.fillRect(node.x, node.y, node.H, node.W);
        }
    }
}

class SnakeFrame extends JFrame {
    private JLabel statusLabel;
    private JLabel speedLabel;
    private JLabel scoreLabel;
    private JPanel snakePanel;
    private Snake snake;
    private JMenuBar bar;
    JMenu gameMenu;
    JMenu helpMenu;
    JMenu speedMenu;
    JMenuItem newItem;
    JMenuItem pauseItem;
    JMenuItem beginItem;
    JMenuItem helpItem;
    JMenuItem aboutItem;
    JMenuItem slowItem;
    JMenuItem midItem;
    JMenuItem fastItem;

    public SnakeFrame() {
        init();
        ActionListener l = new ActionListener() {
            public void actionPerformed(ActionEvent e) {
                if (e.getSource() == pauseItem)
                    snake.isRun = false;
                if (e.getSource() == beginItem)
                    snake.isRun = true;
                if (e.getSource() == newItem) {
                    newGame();
                }
                // ------------菜单控制运行速度
                if (e.getSource() == slowItem) {
                    snake.speed = Snake.SLOW;
                    speedLabel.setText("Slow");
                }
```

```java
            if (e.getSource() == midItem) {
                snake.speed = Snake.MID;
                speedLabel.setText("Mid");
            }
            if (e.getSource() == fastItem) {
                snake.speed = Snake.FAST;
                speedLabel.setText("Fast");
            }
        }
    };
    pauseItem.addActionListener(l);
    beginItem.addActionListener(l);
    newItem.addActionListener(l);
    aboutItem.addActionListener(l);
    slowItem.addActionListener(l);
    midItem.addActionListener(l);
    fastItem.addActionListener(l);
    addKeyListener(new KeyListener() {
        public void keyPressed(KeyEvent e) {
            switch (e.getKeyCode()) {
            // ------------方向键改变蛇运行方向
            case KeyEvent.VK_DOWN://
                snake.changeDerection(Snake.DOWN);
                break;
            case KeyEvent.VK_UP://
                snake.changeDerection(Snake.UP);
                break;
            case KeyEvent.VK_LEFT://
                snake.changeDerection(Snake.LEFT);
                break;
            case KeyEvent.VK_RIGHT://
                snake.changeDerection(Snake.RIGHT);
                break;
            // 空格键,游戏暂停或继续
            case KeyEvent.VK_SPACE://
                if (snake.isRun == true) {
                    snake.isRun = false;
                    snake.status = Snake.PAUSED;
                    break;
                }
```

```java
                if (snake.isRun == false) {
                    snake.isRun = true;
                    snake.status = Snake.RUNNING;
                    break;
                }
            }
        }
        public void keyReleased(KeyEvent k) {
        }
        public void keyTyped(KeyEvent k) {
        }
    });
}

private void init() {
    speedLabel = new JLabel();
    snake = new Snake();
    setSize(380, 460);
    setLayout(null);
    this.setResizable(false);
    bar = new JMenuBar();
    gameMenu = new JMenu("Game");
    newItem = new JMenuItem("New Game");
    gameMenu.add(newItem);
    pauseItem = new JMenuItem("Pause");
    gameMenu.add(pauseItem);
    beginItem = new JMenuItem("Continue");
    gameMenu.add(beginItem);
    helpMenu = new JMenu("Help");
    aboutItem = new JMenuItem("About");
    helpMenu.add(aboutItem);
    speedMenu = new JMenu("Speed");
    slowItem = new JMenuItem("Slow");
    fastItem = new JMenuItem("Fast");
    midItem = new JMenuItem("Middle");
    speedMenu.add(slowItem);
    speedMenu.add(midItem);
    speedMenu.add(fastItem);
    bar.add(gameMenu);
```

```java
        bar.add(helpMenu);
        bar.add(speedMenu);
        setJMenuBar(bar);
        statusLabel = new JLabel();
        scoreLabel = new JLabel();
        snakePanel = new JPanel();
        snakePanel.setBounds(0, 0, 300, 400);
        snakePanel.setBorder(BorderFactory.createLineBorder(Color.darkGray));
        add(snakePanel);
        statusLabel.setBounds(300, 25, 60, 20);
        add(statusLabel);
        scoreLabel.setBounds(300, 20, 60, 20);
        add(scoreLabel);
        JLabel temp = new JLabel("状态");
        temp.setBounds(310, 5, 60, 20);
        add(temp);
        temp = new JLabel("分数");
        temp.setBounds(310, 105, 60, 20);
        add(temp);
        temp = new JLabel("速度");
        temp.setBounds(310, 55, 60, 20);
        add(temp);
        speedLabel.setBounds(310, 75, 60, 20);
        add(speedLabel);
    }

    private void newGame() {
        this.remove(snakePanel);
        this.remove(statusLabel);
        this.remove(scoreLabel);
        speedLabel.setText("Slow");
        statusLabel = new JLabel();
        scoreLabel = new JLabel();
        snakePanel = new JPanel();
        snake = new Snake();
        snakePanel = new SnakePanel(snake);
        snakePanel.setBounds(0, 0, 300, 400);
        snakePanel.setBorder(BorderFactory.createLineBorder(Color.darkGray));
        Runnable r1 = new SnakeRunnable(snake, snakePanel);
        Runnable r2 = new StatusRunnable(snake, statusLabel, scoreLabel);
        Thread t1 = new Thread(r1);
```

```
        Thread t2 = new Thread(r2);
        t1.start();
        t2.start();
        add(snakePanel);
        statusLabel.setBounds(310, 25, 60, 20);
        add(statusLabel);
        scoreLabel.setBounds(310, 125, 60, 20);
        add(scoreLabel);
    }
}
```

程序运行结果如图 6.17 所示。

图 6.17　SnakeGame 运行结果

# 第7章 Swing组件及事件处理

Swing 是一个带有丰富组件的图形用户界面 GUI（Graphical User Interfaces）工具包，是 Sun 公司在 Java 1.2 中推出的新的用户界面库。Swing 组件类设计原理是建立在 MVC（Model View Controller）结构基础上的。MVC 是一种通过模型（Model）、视图（View）、控制器（Controller）3 个部分构造一个组件的理想方法，MVC 结构使得程序更具有对象化的特性，维护起来也更方便。

## 7.1 Swing 入门

相对于 Java 1.0 推出的 AWT 来说，Swing 不仅仅是 AWT 所提供的组件的替代品，Swing 的功能更强大，使用更方便。Swing 继承 AWT，Swing 中的类是纯 Java 编写的，不依赖任何具体的操作系统，可以跨平台使用。

Javax.swing 包中有 4 个最重要的类，它们是 JFrame、JApplet、JDialog、JComponent 类。同时 Swing 提供了 40 多个组件，Swing 的所有组件都是以字母"J"开头，如 JButton、JCheckBox 等。Swing 中的 JApplet、JFrame、JDialog 组件属于顶层容器组件。在顶层容器下是中间容器，它们是用于容纳其他组件的组件，如 JPanel、JScrollPane 等面板组件都是中间容器。其他组件 JButton、JCheckBox 等基础组件必须通过中间容器放入顶层容器中。

Swing 类被打包成不同的包，最为常用的包是：javax.swing 包，它包含了各种 Swing 组件。Swing 类基本包如下：

javax.swing：包含了各种 Swing 组件的包。

javax.swing.border：包含与外框有关的接口和类。

javax.swing.colorchooser：包含与 JColorChooser 有关的类。

javax.swing.event：处理 Swing 组件产生的事件。

javax.swing.filechooser：包含与 JFileChooser 有关的类。

javax.swing.plaf：包含 Swing 组件外观的相关类。

javax.swing.table：包含与 JTable 有关的类。

javax.swing.text：包含与文字有关的类。

javax.swing.tree：包含与 JTree 有关的类。

javax.swing.undo：包含了能够使文字组件 Redo 或 Undo 的功能。

## 7.2 Swing 的几个重要类

7.1 节说过 JFrame、JDialog、JComponent 是 Swing 中非常重要的类，下面详细地介绍一下。

### 7.2.1 JFrame

框架 JFrame 是带标题的顶层窗口。框架的继承关系如下：

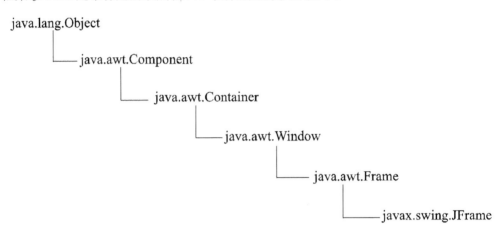

Swing 组件不能直接添加到顶层容器中，它必须通过与 Swing 顶层容器相关联的内容面板（content pane）来添加组件。对 JFrame 添加组件有两种方式：

（1）用 getContentPane()方法获得 JFrame 的内容面板，再对其加入组件；

（2）建立一个 JPanel 类的中间容器，把组件添加到中间容器中，用 setContentPane()方法把该容器置为 JFrame 的内容面板。

**1. JFrame 常用的构造函数**

`JFrame()`

建立一个没有标题的窗口。

`JFrame(String title)`

建立一个指定标题的窗口。

**2. JFrame 常用的方法**

`setBounds(int a,int b,int width,int height)`

设置窗口左上角位置和窗口大小。

`setSize(int width,int height)`

设置框架窗体的大小。

`setVisible(boolean flag)`

显示或隐藏窗口。当 flag 为 true 时，显示窗口；当 flag 为 false 时，隐藏窗口。

`setTitle(String title)`

设置窗口的标题。

**3. JFrame 的具体应用**

**例 7.1：**

```java
import java.awt.event.*;
import javax.swing.*;
public class SwiFrame {
    public static void main(String[] args) {
        final JFrame jframe1 = new JFrame("我的框架");//建立一个标题名为"我的框架"的框架jframe1
        jframe1.setSize(300,200); //设置框架窗体的大小
        JButton jbt1 = new JButton("改变框架标题"); //生成一个按钮组件，后面我们会讲到
        jframe1.getContentPane().add(jbt1);//把按钮组件添加到框架窗口中。
        jbt1.addActionListener(new ActionListener(){//添加动作侦听器,当按钮被按下时执行这里的代码
            public void actionPerformed(ActionEvent e){
                jframe1.setTitle("框架新标题");
            }
        });
        jframe1.setVisible(true); //框架窗体在屏幕上显示出来
    }
}
```

程序运行结果如图 7.1 所示，当单击改变框架标题按钮时，框架的标题变为"框架新标题"，如图 7.2 所示。

图 7.1 改变标题前的框架　　　　　图 7.2 改变标题后的框架

## 7.2.2 JDialog

JDialog 对话框主要是用来显示提示信息或者接收用户输入的控件。JDialog 也是一个顶层容器组件，所以不能把组件直接添加到对话框中，而是应该放到对话框的内部面板容器中，对话框通过调用 getContentPane()方法来调用内部面板。

**1. JDialog 常用的构造函数**

```
JDialog(JFrame f, boolean flag)
```

建立一个依附在 JFrame 框架中的并且能够控制工作方式的 JDialog 对话框。当 flag 为 true 对话框为可视时，其他构件不能接受用户的输入。如果为 false，则对话框和所属窗口可以互相切换。

```
JDialog(JFrame f,String title)
```
建立一个依附在 JFrame 框架中并且对话框的标题是 title 的 JDialog 对话框。

```
JDialog(JFrame f,String title,boolean flag)
```
建立一个依附在 JFrame 框架中、对话框的标题是 title 并且能够控制工作方式的 JDialog 对话框。

### 2. JDialog 常用的方法

```
getContentPane()
```
获得对话框内部面板。

```
setSize(int a,int b)
```
设定对话框的初始大小。

```
setLocation(int a,int b)
```
设定对话框初始显示在屏幕当中的位置。

```
setVisible(boolean flag)
```
设置对话框是否可见。

```
show()
```
显示 JDialog 对话框。

### 3. 使用 JDialog 的例子

例 7.2：

```java
import java.awt.FlowLayout;
import javax.swing.*;
public class SwiDialog {
    public static void main(String[] args) {
        JFrame jframe1 = new JFrame("我的框架");//建立一个带有"我的框架"为标题的框
                                                          架 jframe1
        jframe1.setSize(300,200); //设置框架窗体的大小
        JDialog JDlg = new JDialog(jframe1,"我是一个对话框",true);   //建立一个对
                                                                        话框
        JDlg.getContentPane().setLayout(new FlowLayout(FlowLayout.CENTER));
                                                    //设置容器的布局管理器
        JDlg.getContentPane().add(new JTextField("你好吗?",20));
                                                    //向对话框中添加文本框
        JDlg.getContentPane().add(new JButton("OK"));//向对话框中添加按钮
        JDlg.setSize(300,100); //设置对话框的大小
        JDlg.setVisible(true); //显示对话框
    }
}
```

程序的运行结果如图 7.3 所示。

图 7.3　对话框程序运行结果

### 7.2.3　JComponent

JComponent 类是几乎所有组件的基类。JComponent 为几乎所有的 Swing 组件提供了基本的特性。JComponent 组件的继承关系如下：

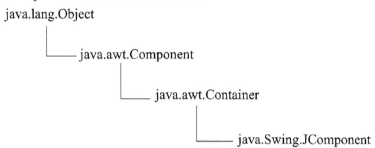

后面章节中讲到的 JPanel、JLabel、JButton、JTextField 等基础组件都是由 JComponent 直接或间接派生出来的。

## 7.3　面板容器组件

### 7.3.1　JPanel

JPanel 类是一个普通的矩形容器，它是使用最多的 Swing 组件之一，JPanel 具有组件容器和显示图形的画布功能，JPanel 常用来在 JFrame 中提供一些容器。它的继承关系如下：

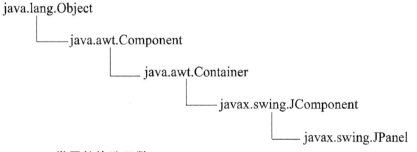

**1. JPanel 常用的构造函数**

`JPanel()`

创建一个带有默认布局的新的面板组件，面板内容是空的。关于布局我们后面会详细的讲解。

```
JPanel(LayoutManager layout)
```
创建具有指定布局管理器的 JPanel 面板组件。
```
JPanel(Component c)
```
创建一个带有默认布局的新的面板组件，面板中包含组件 c。

**2. JPanel 常用的方法**
```
setLayout(LayoutManager layout)
```
为面板设置布局管理器。
```
add(Component c,Object constraints)
```
把一个组件添加到面板中。c 是要添加的组件，constraints 是布局管理器。

JPanel 默认的布局管理器是使用 FlowLayout 布局管理器。

下面看一个使用 JPanel 的例子。

**例 7.3**：
```java
import javax.swing.*;
public class SwiPanel {
    public static void main(String[] args) {
        JTextField jtfdf = new JTextField("这是添加到JPanel组件中的第一个文本框",25); //生成一个文本框,后面会讲到
        JTextField jtfds = new JTextField("这是添加到JPanel组件中的第二个文本框",25);
        JButton jbt = new JButton("你学会了吗？"); //生成一个按钮,后面会讲到
        JPanel pan = new JPanel();//生成一个面板组件 pan
        pan.add(jtfdf); //添加文本框组件 jtfdf 到面板组件 pan 中
        pan.add(jtfds);
        pan.add(jbt); //添加按钮组件 jbt 到面板组件 pan 中
        JFrame jfrm = new JFrame("我的框架");//建立一个带有"我的框架"为标题的框架
        jfrm.setSize(300,150); //设置框架窗体的大小
        jfrm.getContentPane().add(pan); //将面板组件 pan 添加到框架 jfrm 上
        jfrm.setVisible(true); //框架窗体在屏幕上显示出来
    }
}
```

程序运行结果如图 7.4 所示。

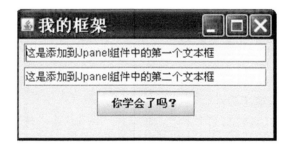

图 7.4　程序运行结果

## 7.3.2 JScrollPane

JScrollPane 滚动面板是一个非常有用的容器，该容器只允许放入一个组件，一般情况下，可以将多个组件添加到一个面板中，然后再将这个面板添加到 JScrollPane 中。JScrollPane 带有垂直滚动和水平滚动条，可以通过滚动条来看滚动面板中的组件。JScrollPane 同 JPanel 一样，都是从 JComponent 类中派生出来的。

JScrollPane 的构造函数

`JScrollPane()`

建立一个新的 JScrollPane 滚动面板，面板内容是空的。

`JScrollPane(Component c)`

建立一个新的 JScrollPane 滚动面板，当添加组件的可见范围大于滚动面板时，会出现滚动轴。

`JScrollPane(Component c,int a,int b)`

建立一个新的 JScrollPane 滚动面板，面板中包含组件，并设定滚动条何时出现。

`JScrollPane(int a,int b)`

建立一个新的 JScrollPane 滚动面板，设定滚动条何时出现。

上面构造函数中 a 和 b 取下列值之一：

HORIZONTAL_SCROLLBAR_ALAWAYS： 出现水平滚动条。
HORIZONTAL_SCROLLBAR_AS_NEEDED： 当组件内容水平的可见范围大于滚动面板时出现水平滚动条。
HORIZONTAL_SCROLLBAR_NEVER： 不出现水平滚动条。
VERTICAL_SCROLLBAR_ALWAYS： 出现垂直滚动条。
VERTICAL_SCROLLBAR_AS_NEEDED： 当组件内容垂直可见范围大于滚动面板时出现垂直滚动条。
VERTICAL_SCROLLBAR_NEVER： 不出现垂直滚动条。

思考：前面 7.3.1 节中的例子是介绍如何使用 JPanel 面板组件的，如使用 JScrollPane 面板组件替换 JPanel 面板，会有什么效果？

## 7.4 布 局

布局管理器负责对添加到容器中的组件进行布局，使设计的界面看起来更专业。常用的布局管理器有 FlowLayout、GridLayout、BorderLayout、BoxLayout，容器组件可以通过 setLayout 方法来设置所想要使用的布局管理器。

### 7.4.1 FlowLayout

FlowLayout 顺序布局是最简单的一种布局管理方法。它是一种流式的方式，自左向右、自上而下的布置容器中所包含的组件。FlowLayout 不改变容器的组件的尺寸。

### 1. FlowLayout 常用的构造函数

`FlowLayout()`

建立一个默认的 FlowLayout 布局管理器。

`FlowLayout(int align)`

建立一个对齐方式是 align 的 FlowLayout 布局管理器。align 取如下值之一：

FlowLayout.LEFT：左对齐。

FlowLayout.CENTER：居中对齐。

FlowLayout.RIGHT：右对齐。

`FlowLayout(int align, int hgap, int vgap)`

建立一个对齐方式是 align 的 FlowLayout 布局管理器，且组件间行间距为 hgap，列间距为 vgap。align 的具体含义同上。

### 2. FlowLayout 常用的方法

`getAlignment()`

取得页面设置的对齐方式。

`setAlignment(int align)`

设置对象的对齐方式。Align 值为 FlowLayout.LEFT、FlowLayout.CENTER 或 FlowLayout.RIGHT。

### 3. FlowLayout 布局管理器的例子

例 7.4：

```java
import java.awt.*;
import javax.swing.*;
public class SwiFLayout {
    public static void main(String[] args) {
        JFrame jfrm = new JFrame("我的框架");//建立一个带有"我的框架"为标题的框架
        jfrm.setSize(300,150);  //设置框架窗体的大小
        FlowLayout flow = new FlowLayout();//建立一个 FlowLayout 布局管理器
        jfrm.getContentPane().setLayout(flow); //设置 jfrm 想要使用的布局管
                                               理器
        flow.setAlignment(FlowLayout.LEFT); //设置对齐方式为左对齐
        //以下是向 jfrm 加入按钮组件
        jfrm.getContentPane().add(new JButton("按钮01"));
        jfrm.getContentPane().add(new JButton("按钮02"));
        jfrm.getContentPane().add(new JButton("按钮03"));
        jfrm.getContentPane().add(new JButton("按钮04"));
        jfrm.getContentPane().add(new JButton("按钮05"));
        jfrm.getContentPane().add(new JButton("按钮06"));
        jfrm.getContentPane().add(new JButton("按钮07"));
        jfrm.getContentPane().add(new JButton("按钮08"));
```

```
            jfrm.setVisible(true); //框架窗体在屏幕上显示出来
       }
}
```
程序运行结果如图 7.5 所示。

图 7.5  程序运行结果

## 7.4.2  GridLayout

GridLayout 是网格布局管理器，我们可以在构造该布局管理器时指定网格的行数和列数，容器中各组件占据的网格大小相同，所以 GridLayout 布局管理器强制组件根据容器的实际容量来调整它们的大小。

**1. GridLayout 常用的构造函数**

`GridLayout()`

建立一个默认的 GridLayout 布局管理器，所有组件都放到一行中。

`GridLayout(int rows,int cols)`

建立一个行数为 rows，列数为 cols 的 GridLayout 布局管理器。

`GridLayout(int rows,int cols,int hgap,int vgap)`

建立一个行数为 rows，列数为 cols，且行间距为 hgap，列间距为 vgap 的 GridLayout 布局管理器。

**2. GridLayout 布局管理器的例子**

例 7.5：

```
import java.awt.*;
import javax.swing.*;
public class SwiGLayout {
    public static void main(String[] args) {
        JFrame jfrm = new JFrame("我的框架");//建立一个带有"我的框架"为标题的框架
        jfrm.setSize(300,150); //设置框架窗体的大小
        GridLayout grid = new GridLayout(4,2); //建立一个行数为 4，列数为 2 的
                                                GridLayout 布局管理器
        jfrm.getContentPane().setLayout(grid); //设置 jfrm 想要使用的布局管
                                                理器
        jfrm.getContentPane().add(new JButton("按钮 01"));
        jfrm.getContentPane().add(new JButton("按钮 02"));
```

```
        jfrm.getContentPane().add(new JButton("按钮03"));
        jfrm.getContentPane().add(new JButton("按钮04"));
        jfrm.getContentPane().add(new JButton("按钮05"));
        jfrm.getContentPane().add(new JButton("按钮06"));
        jfrm.getContentPane().add(new JButton("按钮07"));
        jfrm.getContentPane().add(new JButton("按钮08"));
        jfrm.setVisible(true);  //框架窗体在屏幕上显示出来
    }
}
```

程序运行结果如图 7.6 所示。

图 7.6　程序运行结果

### 7.4.3　BorderLayout

BorderLayout 边界布局可以在容器的 4 个边上放置组件，第 5 组件放到中间，即把整个容器组件分成 5 区域：North、South、East、West、Center。BorderLayout 通过调用每个组件的 preferredSize()方法，告诉组件占用的尺寸。JFrame 默认的布局就是 BorderLayout。需要注意的一点是：当使用边界布局管理器进行布局管理，在添加组件的时候要明确该组件放置的具体方位。

**1. BorderLayout 常用的构造函数**

`BorderLayout()`

建立一个默认的 BorderLayout 布局管理器。

`BorderLayout(int hgap,int vgap)`

建立一个行间距为 hgap，列间距为 vgap 的 BorderLayout 布局管理器。

**2. BorderLayout 布局管理器的例子**

例 7.6：

```
import java.awt.*;
import javax.swing.*;
public class SwiBLayout {
    public static void main(String[] args) {
        JFrame jfrm = new JFrame("我的框架");//建立一个带有"我的框架"为标题的框架
        jfrm.setSize(300,150);  //设置框架窗体的大小
        BorderLayout border = new BorderLayout();
```

```
            jfrm.getContentPane().setLayout(border); //设置jfrm想要使用的布局
                                                        管理器
        //下面是按具体位置为jfrm布局
        jfrm.getContentPane().add(BorderLayout.NORTH,new JButton("按钮01"));
        jfrm.getContentPane().add(BorderLayout.SOUTH,new JButton("按钮02"));
        jfrm.getContentPane().add(BorderLayout.EAST,new JButton("按钮03"));
        jfrm.getContentPane().add(BorderLayout.WEST,new JButton("按钮04"));
        jfrm.getContentPane().add(BorderLayout.CENTER,new JButton("按钮05"));
        jfrm.setVisible(true); //框架窗体在屏幕上显示出来
    }
}
```

程序运行结果如图7.7所示。

图 7.7　程序运行结果

## 7.4.4　BoxLayout

BoxLayout 盒式布局管理器是按照自上而下（垂直）或者从左到右（水平）布置容器中所包含的组件，即使用盒式布局的容器将组件排列在一行或者排列在一列。在建立一个 BoxLayout 布局管理器时，需要指定添加到 BoxLayout 的组件是按照水平排列还是垂直排列。默认情况下，组件是按照垂直排列，即自上而下居中对齐。可以通过容器的嵌套来实现对容器整体的布局。

**1. BoxLayout 常用的构造函数**

`BoxLayout(Container target,int axis)`

建立一个水平或垂直的 BoxLayout 布局管理器，axis 取如下值之一：

X_AXIS：水平排列。

Y_AXIS：垂直排列。

**2. 使用 BoxLayout 布局管理器的例子**

例 7.7：

```
import java.awt.*;
import javax.swing.*;
public class SwiBoxLayout {
    public static void main(String[] args) {
        JFrame jfrm = new JFrame("我的框架");//建立一个带有"我的框架"为标题的框架
        jfrm.setSize(300,150); //设置框架窗体的大小
```

```
        Box box = new Box(BoxLayout.X_AXIS);  //水平方式
        jfrm.getContentPane().add(box);   //设置 jfrm 想要使用的布局管理器
        box.add(new JButton("按钮 01"));
        box.add(new JButton("按钮 02"));
        box.add(new JButton("按钮 03"));
        box.add(new JButton("按钮 04"));
        jfrm.setVisible(true);  //框架窗体在屏幕上显示出来
    }
}
```

程序运行结果如图 7.8 所示。

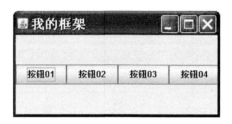

图 7.8　程序运行结果

## 7.5　Swing 基本组件

下面来了解一下常用的 Swing 组件。常用的组件包含 JLabel、JButton、JCheckBox、JTextField 等类,这些类都扩展了 javax.swing.JComponent 类。

### 7.5.1　JLabel

这是一个标签组件。JLabel(标签)主要是一个显示组件,使用简单方便,是一个很常用的组件。它的继承关系如下:

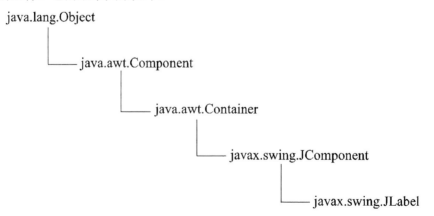

**1. JLabel 常用的构造函数**

```
JLabel()
```

生成一个没有名字的标签组件。

`JLabel(Icon image)`

生成一个带有图标的标签组件。

`JLabel(Icon image,`**`int`**` horizontalAlignment)`

生成一个带有图标并且具有水平排列方向的标签组件，horizontalAlignment 的值取 JLabel.CENTER、JLabel.LEFT、JLabel.RIGHT。

`JLabel(String text)`

生成一个带有文字的标签组件。

`JLabel(String text,Icon image,`**`int`**` horizontalAlignment)`

生成一个带有图标和文字并且具有水平排列方向的标签组件。

`JLabel(String text,`**`int`**` horizontalAlignment)`

生成一个带有文字并且具有水平排列方向的标签组件。

**2. JLabel 常用的方法**

`String getText()`

获取标签的名字。

**`void`**` setText(String name)`

设定标签的名字。

`Icon getIcon()`

获取标签的图标。

**`void`**` setIcon(Icon icon)`

设定标签的图标。

生成标签的代码如下：

`JLabel jlabel1 = `**`new`**` JLabel("I am a JLabel");  //生成一个显示"I am a JLabel"`
                                                      文字的标签组件

在定义标签组件之后，我们应该用 add 方法将组件添加到屏幕上，否则它不会显示在屏幕上。需要注意的是，所有的 Swing 组件都是这样使用的。

**3. 使用 JLabel 的例子**

例 **7.8**：

```
import javax.swing.*;
public class SwiLabel {
    public static void main(String[] args) {
        JFrame jfrm = new JFrame("我的框架");//建立一个带有"我的框架"为标题的框架
        jfrm.setSize(300,150); //设置框架窗体的大小
        JLabel jlabf = new JLabel("我是一个JLabel组件，我的用处很广!");
                        //生成一个显示文字的标签组件。
        JLabel jlabs = new JLabel("当你做界面时会经常用到我!");
        JPanel pan = new JPanel();
        pan.add(jlabf); //将标签jlabf添加到面板pans上
        pan.add(jlabs);
```

```
        jfrm.getContentPane().add(pan); //将面板 pan 添加到框架窗体 jfrm 中
        jfrm.setVisible(true); //框架窗体在屏幕上显示出来
    }
}
```

程序运行结果如图 7.9 所示。

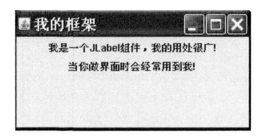

图 7.9  程序运行结果

## 7.5.2  JButton

这是一个按钮组件。单击 JButton 按钮组件时，会产生事件，执行必要的操作。JButton 组件是在 GUI 设计中用的最多的 Swing 组件之一。它的继承关系如下：

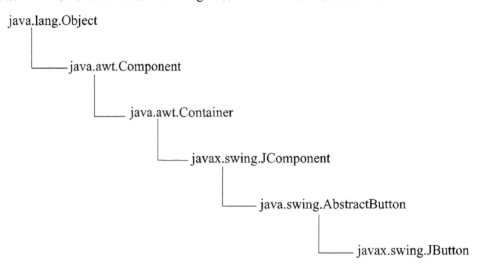

**1. JButton 常用的构造函数**

```
JButton()
```
生成一个默认的按钮组件。
```
JButton(Icon image)
```
生成一个带有图标的按钮组件。
```
JButton(String text)
```
生成一个带有文字的按钮组件。
```
JButton(String text,Icon image)
```
生成一个带有文字和图标的按钮组件。

**2. JButton 常用的方法**

`public String getText()`

获取按钮的名字。

`public void setText(String name)`

设定按钮的名字为 name。

`public Icon getIcon()`

获取当前按钮的图标。

`public void setIcon(Icon icon)`

重新设定按钮的图标。

`public void setBounds(int a,int b,int width,int height)`

设定按钮的大小，参数 a 和 b 指定矩形形状的组件左上角在容器中的坐标，width 和 height 指定组件的宽和高。

`public void addActionListener(ActionListener)`

按钮调用该方法能获取一个监视 ActionEvent 类型事件的监视器。可通过实现 ActionListener 监听器接口的 actionPerformed ()方法来处理事件。

**3. 使用 JButton 的例子**

例 **7.9**：

```java
import java.awt.GridLayout;
import java.awt.event.*;
import javax.swing.*;
public class SwiButton {
    public static void main(String[] args) {
        JFrame jfrm = new JFrame("我的框架");//建立一个带有"我的框架"为标题的框架
        jfrm.setSize(300,150);  //设置框架窗体的大小
        JPanel pan1 = new JPanel(); //定义一个面板组件
        final JLabel jlab = new JLabel("我是一个JLabel组件!");  //定义一个标签组件
        pan1.add(jlab);  //将标签组件jlab添加到面板pan1中
        JPanel pan2 = new JPanel();
        JButton jbtf = new JButton("开始学习Java语言");  //生成一个按钮
        jbtf.addActionListener(new ActionListener(){//添加动作侦听器,当按钮被
                                                    按下时执行这里的代码
            public void actionPerformed(ActionEvent e){
                jlab.setText("你正在学习Java语言,加油!");  //设定标签显示文本
            }
        });
        pan2.add(jbtf);
        JPanel pan3 = new JPanel();
        JButton jbts = new JButton("开始学习C++语言");  //生成一个按钮
        jbts.addActionListener(new ActionListener(){//添加动作侦听器,当按钮被
```

```
                                            按下时执行这里的代码
      public void actionPerformed(ActionEvent e){
          jlab.setText("你正在学习C语言,加油!");
      }
  });
  pan3.add(jbts);
  jfrm.getContentPane().setLayout(new GridLayout(3,1));//设定jfrm使用
                                                         的布局管理器
  jfrm.getContentPane().add(pan1);
  jfrm.getContentPane().add(pan2);
  jfrm.getContentPane().add(pan3);
  jfrm.setVisible(true);  //框架窗体在屏幕上显示出来
  }
}
```

程序的运行结果如图7.10所示；当单击"开始学习Java语言"按钮时，标签组件显示"你正在学习Java语言，加油!"，如图7.11所示；当单击"开始学习C++语言"按钮时，标签组件显示"你正在学习C语言，加油!"，如图7.12所示。

图7.10　程序的运行结果

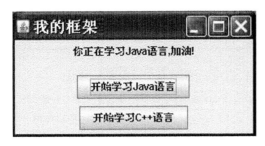 

图7.11　单击"开始学习Java语言"　　　图7.12　单击"开始学习C++语言"
　　　　按钮的显示结果　　　　　　　　　　　　按钮的显示结果

### 7.5.3　JCheckBox

这是一个复选框组件，它有两种选择状态，即选中或取消状态。JCheckBox也可以作为切换开关，表示打开/关闭，或者是表示是/否的选择。它的继承关系如下：

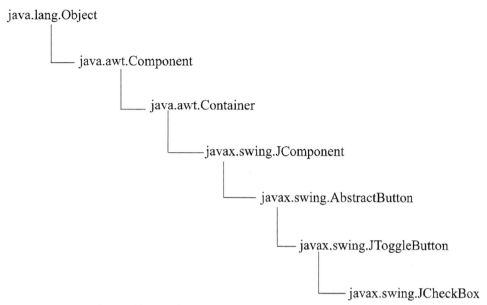

**1. JCheckBox 常用的构造函数**

`JCheckBox()`

生成一个默认的复选按钮组件。

`JCheckBox(Icon image)`

生成一个带有图标的复选按钮组件。

`JCheckBox(String text)`

生成一个带有文字的复选按钮组件。

`JCheckBox(String text,Icon image)`

生成一个带有文字和图标的复选按钮组件。

`JCheckBox(String text,`**`boolean`**` flag)`

生成一个带有文字的复选按钮组件；flag 表示是否被选中，当 flag 值为 true 时，表示选中，否则表示未选中。

`JCheckBox(String text,Icon image,`**`boolean`**` flag)`

生成一个带有文字和图标的复选按钮组件；flag 表示是否被选中，当 flag 值为 true 时，表示选中，否则表示未选中。

**2. JCheckBox 常用的方法**

**`public boolean`**` isSelected()`

当 JCheckBox 被选中时返回 true，否则返回 false。

**`public void`**` addItemListener(ItemListener)`

JCheckBox 从未选中状态变成选中状态或者是从选中状态变成未选中状态时，就能获取一个选择事件 ItemEvent 的监视器，可通过实现 ItemListener 监听器接口的 itemStateChanged()方法来处理事件。

**3. 使用 JCheckBox 复选按钮的例子**

例 **7.10**：

**`import`**` java.awt.GridLayout;`

```java
import java.awt.event.*;
import javax.swing.*;
public class SwiChkBox {
    public static void main(String[] args) {
        JFrame jfrm = new JFrame("我的框架");//建立一个带有"我的框架"为标题的框架
        jfrm.setSize(300,150);  //设置框架窗体的大小
        JPanel pan1 = new JPanel();
        final JLabel jlab = new JLabel("我是一个JLabel组件!");
        pan1.add(jlab);
        JPanel pan2 = new JPanel();
        JCheckBox jckf = new JCheckBox("学生");   //生成一个带有"学生"文字的复选按钮
        JCheckBox jcks = new JCheckBox("教师");//生成一个带有"教师"文字的复选按钮
        //添加动作侦听器,当按钮被按下时执行这里的代码
        jckf.addItemListener(new ItemListener() {
            public void itemStateChanged(ItemEvent e) {
                // 实现监听选择学生状态改变的方法
                if(e.getStateChange() == e.SELECTED)
                    jlab.setText("您刚刚选择的是学生!");  //设定标签显示文本
            }
        });
        jcks.addItemListener(new ItemListener() {
            public void itemStateChanged(ItemEvent e) {
                // 实现监听选择教师状态改变的方法
                if(e.getStateChange() == e.SELECTED)
                    jlab.setText("您刚刚选择的是教师!");
            }
        });
        pan2.add(jckf); //将复选按钮jckf添加到面板pan2中
        pan2.add(jcks);
        jfrm.getContentPane().setLayout(new GridLayout(2,1));
                                    //设定jfrm使用的布局管理器
        jfrm.getContentPane().add(pan1);//将面板pan1添加到框架jfrm中
        jfrm.getContentPane().add(pan2);
        jfrm.setVisible(true);  //框架窗体在屏幕上显示出来
    }
}
```

程序的运行结果如图7.13所示；当选中"学生"复选框组件时，标签组件显示"您刚刚选择的是学生!"，如图7.14所示；当选中"教师"复选框组件时，标签组件显示"您刚刚选择的是教师!"，如图7.15所示。

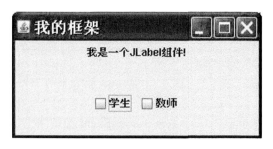

图 7.13  程序的运行结果

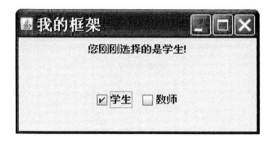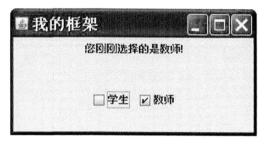

图 7.14  选中"学生"的显示结果　　　　图 7.15  选中"教师"的显示结果

## 7.5.4 JRadioButton

单选按钮 JRadioButton 同复选按钮 JCheckBox 非常相似，都是从 JToggleButton 类中派生出来的，一个单选按钮也是有两种状态，即选中或取消状态。JRadioButton 经常被用于选择一组相互排斥的选项，即用户每次选中一个项目时，会自动取消选中的前一个选择，这样的应用一般通过按钮组 ButtonGroup 来实现。

**1. JRadioButton 常用的构造函数**

`JRadioButton()`

生成一个默认的单选按钮组件。

`JRadioButton(Icon image)`

生成一个带有图标的单选按钮组件。

`JRadioButton(String text)`

生成一个带有文字的单选按钮组件。

`JRadioButton(String text,Icon image)`

生成一个带有文字和图标的单选按钮组件。

`JRadioButton(Icon image, boolean flag)`

生成一个带有图标的单选按钮组件，并且 flag 表示是否被选中；当 flag 值为 true 时表示选中，否则未选中。

`JRadioButton(String text, boolean flag)`

生成一个带有文字的单选按钮组件，并且 flag 表示是否被选中；当 flag 值为 true 时表示选中，否则未选中。

`JRadioButton(String text,Icon image,boolean flag)`

生成一个带有文字和图标单选按钮组件，并且 flag 表示是否被选中；当 flag 值为 true

时表示选中,否则未选中。

### 2. JRadioButton 常用的方法

**public boolean** isSelected()

可判定单选按钮是否被选中。当 JRadioButton 被选中时返回 true,否则返回 false。

**public void** addActionListener(ActionListener)

单选按钮调用该方法能获取一个监视 ActionEvent 类型事件的监视器。

### 3. 使用 JRadioButton 单选按钮的例子

例 7.11:

```java
import java.awt.GridLayout;
import java.awt.event.*;
import javax.swing.*;
public class SwiRadBtn {
    public static JRadioButton jrb1,jrb2,jrb3; //定义三个 JradioButton 单
                                                       选按钮组件
    public static void main(String[] args) {
    JFrame jfrm = new JFrame("我的框架");//建立一个带有"我的框架"为标题的框架
                                                        jfrm
    jfrm.setSize(300,150); //设置框架窗体的大小
    JPanel pan1 = new JPanel();
    final JLabel jlab = new JLabel("我是一个 JLabel 组件!");
    pan1.add(jlab);
    JPanel pan2 = new JPanel();
    jrb1 = new JRadioButton("工人"); //生成一个带有"工人"文字的单选按钮,并且是
                                                选中状态
    jrb2 = new JRadioButton("农民");// 生成一个带有"农民"文字的单选按钮
    jrb3 = new JRadioButton("解放军");// 生成一个带有"解放军"文字的单选按钮
    //  定义监听器
    ActionListener a = new ActionListener() {
       public void actionPerformed(ActionEvent ae) {
          if (ae.getSource() == jrb1)
          jlab.setText("您目前选择的是工人!");
          if (ae.getSource() == jrb2)
          jlab.setText("您目前选择的是农民!");
          if (ae.getSource() == jrb3)
          jlab.setText("您目前选择的是解放军!");
          }
       };
    //把三个单选按钮加入到 ButtonGroup 控件组中
    ButtonGroup button = new ButtonGroup();
    button.add(jrb1);
```

```
        button.add(jrb2);
        button.add(jrb3);
     //单选按钮调用 addActionListener 获取 ActionEvent 类型事件的监视器
        jrb1.addActionListener(a);
        jrb2.addActionListener(a);
        jrb3.addActionListener(a);
     //将单选按钮添加到面板 pan2 中
        pan2.add(jrb1);
        pan2.add(jrb2);
        pan2.add(jrb3);
        jfrm.getContentPane().setLayout(new GridLayout(2,1));
        jfrm.getContentPane().add(pan1);
        jfrm.getContentPane().add(pan2);
        jfrm.setVisible(true);   //框架窗体在屏幕上显示出来
     }
}
```

程序运行结果如图 7.16 所示。当选中"工人"单选按钮组件时，标签组件显示"您目前选择的是工人！"，如图 7.17 所示；当选中"农民"单选按钮组件时，标签组件显示"您目前选择的是农民！"，如图 7.18 所示。当选中"解放军"单选按钮组件时，标签组件显示"您目前选择的是解放军！"，如图 7.19 所示。

图 7.16　程序运行结果

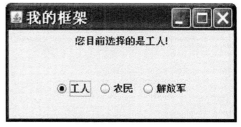

图 7.17　选中"工人"的显示结果

图 7.18　选中"农民"的显示结果

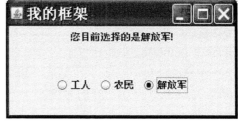

图 7.19　选中"解放军"显示结果

### 7.5.5　JComboBox

组合框 JComboBox 在一个时刻只能有一个选择的项，选取工作是由组合框模型处理的。JComboBox 也是非常常用的组件。它的继承关系如下：

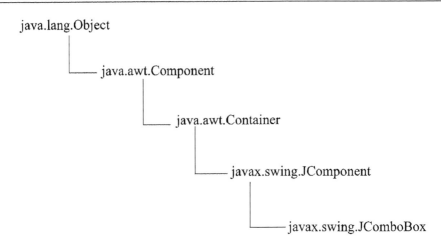

**1. JComboBox 常用的构造函数**

`JComboBox()`

创建一个默认的 JComboBox 组合框。

`JComboBox(Object[] items)`

建立一个包含指定数组各元素的 JComboBox 组合框。

**2. JComboBox 常用的方法**

`Object getSelectedItem()`

返回当前选择内容。

`int getSelectedIndex()`

返回当前选择条目的序数。

`int getItemCount()`

返回组合框中所包含内容的条数。

`void addItem(Object)`

把指定对象加入到 JComboBox 中。

`void insertItemAt(Object,int)`

把指定对象插入到 JComboBox 中的指定位置。

`void removeItem(Object)`

删除 JComboBox 中指定的对象。

`void removeItemAt(int)`

删除 JComboBox 中指定位置的对象。

`removeAllItems()`

删除 JComboBox 中所有的对象。

`public void addActionListener(ActionListener)`

JComboBox 组合框调用该方法能获取一个监视 ActionEvent 类型事件的监视器。具体实现方法跟其他组件相同。

**3. 使用 JComboBox 组合框的例子**

例 7.12：

```
import java.awt.GridLayout;
```

```java
import java.awt.event.*;
import javax.swing.*;
public class SwiCmbBox {
    public static void main(String[] args) {
        JFrame jfrm = new JFrame("我的框架");//建立一个带有"我的框架"为标题的框架
        jfrm.setSize(300,150);  //设置框架窗体的大小
        JPanel pan1 = new JPanel();
        final JLabel jlabf = new JLabel("您在本校的角色:");    //定义一个标签
        final JLabel jlabs = new JLabel("");
        String [] name = {"学生","教师","教辅人员"};//定义一个字符串数组 name
        final JComboBox jcmb = new JComboBox(name);//生成组合框,组合框中的内容是
                                          name 数组的内容
        jcmb.setSelectedItem(null);//未选中指定对象
        jcmb.addItemListener(new ItemListener() {
               public void itemStateChanged(ItemEvent e) {
                    if (e.getStateChange() == e.SELECTED) //这里控制为只处理一次
                        jlabs.setText(jlabf.getText()+(String)jcmb.getSelectedItem()+"!");   //将jlabf上的文字和jcmb当前选择内容都显示在标签jlabs上
               }
           });
        pan1.add(jlabf);//将jlabf添加到pan1中
        pan1.add(jcmb); //将jcmb添加到pan1中
        JPanel pan2 = new JPanel();
        pan2.add(jlabs);
        jfrm.getContentPane().setLayout(new GridLayout(2,1));//设定布局管理器
        jfrm.getContentPane().add(pan1);
        jfrm.getContentPane().add(pan2);
        jfrm.setVisible(true);  //框架窗体在屏幕上显示出来
    }
}
```

程序运行结果如图 7.20 所示。当选中"学生"组合框组件时,下面的标签组件显示"您在本校的角色:学生!",如图 7.21 所示;当选中"教师"组合框组件时,标签组件显示"您在本校的角色:教师!",如图 7.22 所示。当选中"教辅人员"组合框组件时,标签组件显示"您在本校的角色:教辅人员!",如图 7.23 所示。

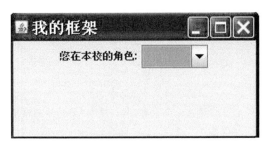

图 7.20 程序运行结果

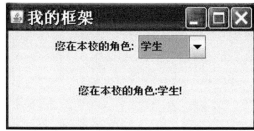

图 7.21 选中"学生"的显示结果

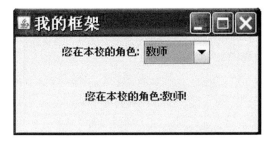

图 7.22 选中"教师"的显示结果

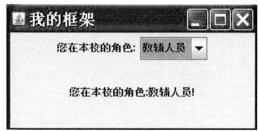

图 7.23 选中"教辅人员"的显示结果

### 7.5.6 JTextField

文本框 JTextField 是可以编辑单行字符的组件,也可以显示某些初始的文字,是最常用的文本组件。JTextField 的继承关系如下:

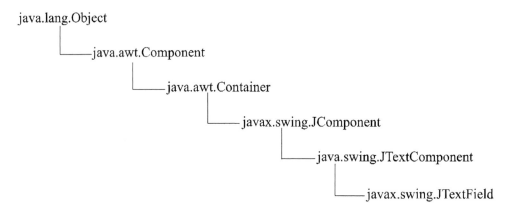

**1. JTextField 常用的构造函数**

```
JTextField()
```
建立一个单行文本框组件,无显示内容。
```
JTextField(int columns)
```
建立一个指定其初始字段长度的单行文本框组件。
```
JTextField(String text)
```
建立一个指定其初始字符串的单行文本框组件。
```
JTextField(String text,int columns)
```
建立一个指定其初始字符串和字段长度的单行文本框组件。

## 2. JTextField 类比较常用的方法

addActionListener()

监听器类负责当操作事件发生时接收通知。当用户在文本框里按回车键时，就产生了一个 ActionEvent 事件。setColumns()设置字段长度。

setText()

设置或修改文本框中的字符。

setEditable(**Boolean** flag)

设置文本框中的字符是否是可编辑的，若 flag 值为 true，则可编辑；否则不可编辑。

removeActionListener()

删除操作监听器。

getText()

获得该文本框中所输入的字符。

## 3. 使用 JTextField 单行文本框的例子

例 7.13：

```java
import java.awt.GridLayout;
import java.awt.event.*;
import javax.swing.*;
public class SwiTxtFld {
    public static void main(String[] args) {
        JFrame jfrm = new JFrame("我的框架");//建立一个带有"我的框架"为标题的框架
        jfrm.setSize(300,150); //设置框架窗体的大小
        JPanel pan1 = new JPanel();
        JLabel jlabf = new JLabel("请输入你的姓名:"); //生成一个显示文字的标签组件
        final JTextField jtfieldf = new JTextField(20); //建立一个提供初始的显示
                                                         长度为 20 的文本框
        jtfieldf.setText("enter your name");//设置文本框的内容是"enter your
                                             name"
        pan1.add(jlabf);
        pan1.add(jtfieldf); //将文本框 jtfieldf 添加到 pan1 中
        JPanel pan2 = new JPanel();
        JLabel jlabs = new JLabel("请输入你的专业:");
        final JTextField jtfields = new JTextField(20); //建立一个提供初始的显示
                                                         长度为 20 的文本框
        jtfields.setText("计算机应用技术" );//设置 jtfields 文本框的内容是"计算机
                                           应用技术"
    //添加动作侦听器,当向文本框 jtfields 按回车键时执行里面的代码
        jtfields.addActionListener(new ActionListener() {
            public void actionPerformed(ActionEvent e){
                jtfieldf.setEditable(false); //文本框中的字符是不可编辑的
```

```
                jtfields.setEditable(false);
            }
        });
        pan2.add(jlabs);
        pan2.add(jtfields);
        jfrm.getContentPane().setLayout(new GridLayout(2,1));
        jfrm.getContentPane().add(pan1);
        jfrm.getContentPane().add(pan2);
        jfrm.setVisible(true);   //框架窗体在屏幕上显示出来
    }
}
```

程序的运行结果如图 7.24 所示，当用户输入完姓名和专业后，在第二个文本框里按回车键时，两个文本框都变为不可编辑，如图 7.25 所示。

图 7.24　程序运行结果　　　　图 7.25　在第二个文本框中按回车键后的显示结果

### 7.5.7　JTextArea

JTextArea 是可以编辑多行字符的组件，可以显示多行纯文本，也可以换行。JTextArea 同 JTextField 一样，都是从 JToggleButton 类中派生出来的，它的属性跟单行文本框组件相似。

**1. JTextArea 常用的构造函数**

`JTextArea()`

建立空多行文本框。

`JTextArea(int rows, int columns)`

建立指定行数和列数的多行文本框。

`JTextArea(String text)`

建立带初始文本内容的多行文本框。

`JTextArea(String text, int rows, int columns)`

建立带初始文本内容和指定尺寸大小的多行文本框。参数 text 为 JTextArea 的初始化文本内容；参数 rows 为 JTextArea 的高度，以行为单位；参数 columns 为 JTextArea 的宽度，以字符为单位。

## 2. JTextArea 类比较常用的方法

append

在 JTextArea 中的文本末尾追加字符串。

insert

插入字符串。

replaceRange

用输入字符替换起始和结束位置之间的字符。

setText()

设置或修改多行文本框中的字符。

setEditable(Boolean flag)

设置多行文本框中的字符是否是可编辑的，若 flag 值为 true，多行文本框则可编辑；否则不可编辑。

getText()

获得该多行文本框中所输入的字符。

## 3. 使用 JTextArea 多行文本框的例子

例 7.14：

```java
import java.awt.BorderLayout;
import java.awt.event.*;
import javax.swing.*;
public class SwiTtArea {
    public static void main(String[] args) {
        JFrame jfrm = new JFrame("我的框架");//建立一个带有"我的框架"为标题的框架
        jfrm.setSize(300,150); //设置框架窗体的大小
        JPanel pan1 = new JPanel();
        JLabel jlabel = new JLabel("对学习 Java 有什么意见和建议，请您给我留言！");
        pan1.add(jlabel);
        JTextArea jtxarea = new JTextArea("Java 是一门不错的语言，我喜欢学它！",4,25); //生成一个带有4行和25列的多行文本框
        pan1.add(jtxarea); //将多行文本框 jtxarea 添加到 pan1 中
        jfrm.getContentPane().add(pan1,BorderLayout.CENTER);
        jfrm.getContentPane().add(pan1);
        jfrm.setVisible(true); //框架窗体在屏幕上显示出来
    }
}
```

程序运行结果如图 7.26 所示。

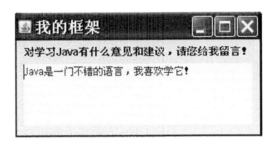

图 7.26　程序运行结果

### 7.5.8　JPasswordField

口令文本框 JPasswordField 是专门为用户设计口令而用的，是单行文本框 JTextField 组件的一个简单扩展。在 JPasswordField 对象中输入的文字会被其他字符替代，这个组件常用来在程序中输入口令。

下面主要了解一下 JPasswordField 类的几个比较常用的方法：

`char[] getpassword()`

获得口令的内容。

`char getEchoChar()`

获得口令文本框的回显字符，回显字符默认为字符 "*"。

`void setEchoChar(char c)`

设置口令文本框的回显字符。

`addActionListener()`

监听器类负责当操作事件发生时接收通知。当用户在文本框里按回车键时，就产生了一个 ActionEvent 事件。

下面看一个使用 JPasswordField 口令文本框的例子。

**例 7.15：**

```java
import javax.swing.*;
import java.awt.*;
import java.awt.event.*;
public class SwiPasswd {
    public static void main(String[] args) {
        JFrame jframe1 = new JFrame("我的框架");//建立一个框架 jframe1
        jframe1.setSize(300,180);  //设置框架窗体的大小
        JPanel p1 = new JPanel();
        p1.add(new JLabel("请设置您的密码: "));
        final JPasswordField jpwd = new JPasswordField(16);
                    //建立一个提供初始的显示长度为16的口令文本框
        p1.add(jpwd);   //将口令文本框 jpwd 添加到面板 p1 中
        JPanel p2 = new JPanel();
        p2.add(new JLabel("请重新输入密码:     "));
```

```java
        final JPasswordField jspwd = new JPasswordField(16);
        p2.add(jspwd);
        JPanel p3 = new JPanel();
        JButton jbt1 = new JButton("确定");//生成一个按钮组件
        JButton jbt2 = new JButton("重置");
        p3.add(jbt1);
        p3.add(jbt2);
        jbt1.addActionListener(new ActionListener(){//添加动作侦听器,当按钮被
                                                   按下时执行这里的代码
            public void actionPerformed(ActionEvent e){
                if((new String(jpwd.getPassword())).equals(new String(jspwd.getPassword())))   //口令框jpwd和口令框jspwd中输入的字符相同时
                    JOptionPane.showMessageDialog(null, "设置密码成功! ","系统提示",JOptionPane.OK_OPTION);//显示系统提示对话框
                else
                    JOptionPane.showMessageDialog(null, "您的密码不一致, 请重新输入! ","系统提示",JOptionPane.ERROR_MESSAGE);
            }
        });
        //当按取消按钮时, 两个密码的输入信息都变为空
        jbt2.addActionListener(new ActionListener(){//添加动作侦听器,当按钮被
                                                   按下时执行这里的代码
            public void actionPerformed(ActionEvent e){
                jpwd.setText("");  //口令框文本内容设置为空
                jspwd.setText("");
            }
        });
        jframe1.getContentPane().setLayout(new GridLayout(3,1));
        jframe1.getContentPane().add(p1);
        jframe1.getContentPane().add(p2);
        jframe1.getContentPane().add(p3);   //把按钮组件加到框架窗口中
        jframe1.setVisible(true);  //框架窗体在屏幕上显示出来
    }
}
```

程序的运行结果如图7.27所示。当在"请设置您的密码"的口令框设置的密码同在"请重新输入密码"的口令框输入的密码一致时,单击"确定"按钮,会提示设置成功,如图7.28所示。如果输入密码不一致也进行提示,如图7.29所示。单击"重置"按钮,两个口令框都变成输出时刻的等待输入密码状态,如图7.27所示。

图 7.27 程序运行结果

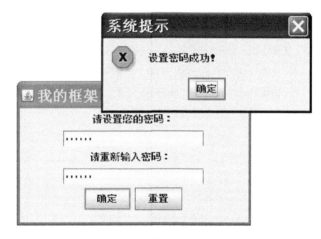

图 7.28 设置密码成功

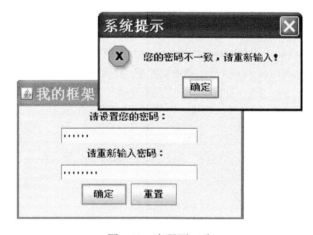

图 7.29 密码不一致

### 7.5.9 JTable

表格 JTable 是用来显示数据的组件，在 Swing 组件中是相当庞大和强大的组件之一。它最初被有意设计成以 Java 数据库连接为媒介的"网格"数据库接口，因此它拥有巨大的灵活性，并且不是特别复杂。Swing 专门提供了一个包 javax.swing.table，它包含了表格的支持接口和类。它的继承关系如下：

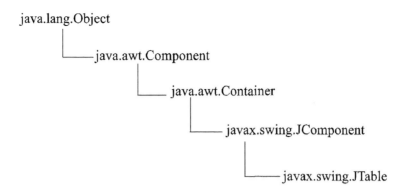

JTable 类是真正面向显示的对象，TableModel 即表格控制模型负责处理底层数据。TableModel 接口为单元数据、数据类型、行数、列数及单元是否可编辑提供访问方法。因此在我们创建 JTable 前，应先创建一个 TableModel。要创建 TableModel，比较简单的方法是从 javax.swing.table.AbstractTableModel 类中派生出一个类。Swing 给接口实现了默认的实现类 DefaultTableModel，该类实现了所有 TableModel 接口定义的方法。我们同样也可以创建相关的简单的 JTable。

**1. JTable 常用的构造函数**

`JTable()`

建立一个默认的表格。

`JTable(int a,int b)`

建立一个 a 行 b 列的默认的表格。

`JTable(Object data[][],Object colName[])`

建立一个默认的表格对象，并且显示由二位数组 data 的值，colName 数组的值是表格的列名。

用数据模型构造表格组件的例子：

```
Vector data = new vector();//行数据
Vector columnName = new vector();//列数据
DefaultTableModel model = new DefaultTableModel(data,columnName);
                                    //构建数据模型
JTable table = new Jtable(model);//用数据模型构建表格组件
```

**2. 生成简单 JTable 的例子**

例 7.16：

```
import javax.swing.*;
import java.awt.*;
import java.awt.event.*;
public class SwiTable{
    public static void main(String[] args) {
        JFrame jframe1 = new JFrame("JTable 的使用");//建立一个带有标题的框架
        jframe1.setSize(400,200); //设置框架窗体的大小
        String[ ] jtabcol = {"学号","姓名","性别","分数"};//定义一个字符串数组
```

```
            String[ ][ ] jtabdata = {
            {"01","张三","女","65"},
            {"02","王强","女","78"},
            {"03","孙兵","男","87"},
            {"04","赵明","男","67"}
            };//定义一个二维数组
            JTable jtab1 = new JTable(jtabdata,jtabcol); //生成一个带有数据内容的
                                                          表格
            JScrollPane jsp = new JScrollPane(jtab1); //生成一个面板容器,把
                                                      JTable添加到面板中
            jframe1.getContentPane( ).add(jsp, BorderLayout.CENTER);
                //将面板容器添加到框架jframe1中,并设定jframe1使用的布局管理器
            jframe1.setVisible(true); //框架窗体在屏幕上显示出来
      }
}
```

该程序的运行结果如图 7.30 所示。

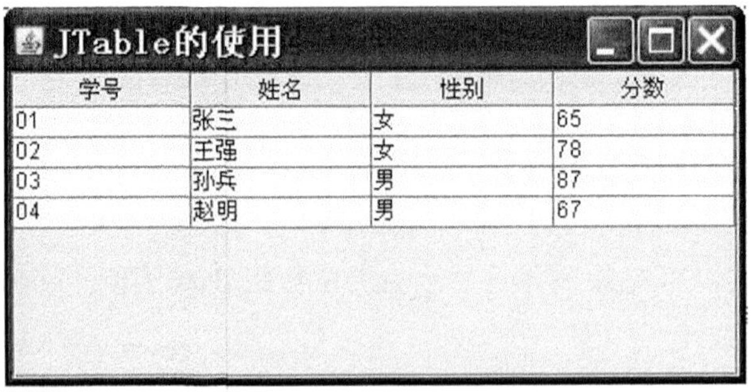

图 7.30　程序运行结果

## 7.6　菜　单　组　件

菜单也是在设计界面中经常用到的组件。说到菜单,我们都知道它包括菜单栏、菜单组和菜单项 3 部分,如图 7.31 所示。

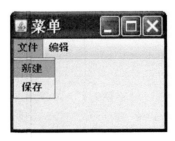

图 7.31　菜单

位于窗口顶部的是菜单栏,包括了菜单组的名字,比如"文件"、"编辑"等。单击菜单组的名字"文件",就打开了该菜单组包含的"新建"、"保存"等菜单项。

### 7.6.1 JMenuBar

菜单栏 JMenuBar 组件是用来摆放 JMenu 组件的容器。通过 JMenuBar 组件可以把建立好的 JMenu 组件加入到窗体中。

**1. JMenuBar 的构造函数**

`JMenuBar()`

建立一个新的菜单栏 JMenuBar 组件。

**2. 使用菜单栏的例子**

```
JFrame jframe1 = new JFrame("我的框架");//建立一个带有"我的框架"为标题的框架
                                        jframe1
JMenuBar jmenubar1 = new JMenuBar();//建立一个新的菜单栏
jframe1.setJMenuBar(jmenubar1);//把新建的菜单栏 jmenubar1 添加到框架 jframe1 中
```

### 7.6.2 JMenu

菜单组 JMenu 是用来存放菜单项的组件。

**1. JMenu 常用的构造函数**

`JMenu(String s)`

建立一个新的指定名称的 JMenu 组件。

**2. 使用 JMenu 的例子**

```
JMenu JMenuFile = new JMenu("文件"); //建立一个新的名称为"文件"的 JMenu 组件
jmenubar1.add(JMenuFile); //将新建的菜单组添加到菜单栏中
JMenu JMenuEdit = new JMenu("编辑"); //建立一个新的名称为"编辑"的 JMenu 组件
jmenubar1.add(JMenuEdit); //将新建的菜单组添加到菜单栏中
```

### 7.6.3 JMenuItem

菜单项 JMenuItem 与按钮很相似,是包含具体操作的项。

**1. JMenuItem 常用的构造函数**

`JMenuItem(String s)`

建立一个新的指定名称的 JMenuItem 菜单项。

下面看一个使用 JMenuItem 的例子:

```
JMenuItem JMItemNew = new JMenuItem("新建");
JMenuItem JMItemSave = new JMenuItem("保存");
JMenuFile.add(JMItemNew);
JMenuFile.add(JMItemSave);
```

**2. 使用菜单栏、菜单组和菜单项的例子**

**例 7.17**:

```java
import java.awt.GridLayout;
```

```java
import java.awt.event.ActionEvent;
import java.awt.event.ActionListener;
import javax.swing.*;
public class SwiMenuBar {
    public static void main(String[] args) {
        JFrame jfrm = new JFrame("学生信息管理系统");//建立一个带有"我的框架"为标题
                                                    的框架
        jfrm.setSize(300,200); //设置框架窗体的大小
        JMenuBar jmenubar1 = new JMenuBar();//建立一个新的菜单栏
        jfrm.setJMenuBar(jmenubar1);//把新建的菜单栏menubar1添加到框架jframe1中
        JMenu JMemuUpdate = new JMenu("信息更新");  //建立一个新的名称为"文件"的
                                                    JMenu组件
        jmenubar1.add(JMemuUpdate); //将新建的菜单组添加到菜单栏中
        JMenu JMemuQuery = new JMenu("信息查询");
        jmenubar1.add(JMemuQuery);
        JMenu JMemuStat = new JMenu("信息统计");
        jmenubar1.add(JMemuStat);
        JMenu JMemuManager = new JMenu("系统管理");
        jmenubar1.add(JMemuManager);
            JMenuItem JMItemStudent = new JMenuItem("学生信息");
                            //建立一个新的指定名称的JMenuItem菜单项
        JMenuItem JMItemTeacher = new JMenuItem("教师信息");
        JMenuItem JMItemScore = new JMenuItem("考试成绩");
        JMemuUpdate.add(JMItemStudent); //将菜单项添加到菜单组中
        JMemuUpdate.add(JMItemTeacher);
        JMemuUpdate.add(JMItemScore);
        JPanel pan1 = new JPanel();
        final JLabel jlab = new JLabel("");
        pan1.add(jlab);
//添加事件监听器
        JMItemStudent.addActionListener(new ActionListener(){
            public void actionPerformed(ActionEvent e){
                //写出你自己的程序代码
                jlab.setText("请更新学生信息! ");
            }
        });
        JMItemTeacher.addActionListener(new ActionListener(){
            public void actionPerformed(ActionEvent e){
                //写出你自己的程序代码
```

```
            jlab.setText("请更新教师信息！");
        }
    });
    JMItemScore.addActionListener(new ActionListener(){
        public void actionPerformed(ActionEvent e){
            //写出你自己的程序代码
            jlab.setText("请更新考试成绩！");
        }
    });
    jfrm.getContentPane().setLayout(new GridLayout(1,1));
    jfrm.getContentPane().add(pan1);
    jfrm.setVisible(true);  //框架窗体在屏幕上显示出来
    }
}
```

程序运行结果如图 7.32 所示。当选择"信息更新"菜单组中的"学生信息"菜单项时，如图 7.33 所示，那么会出现"请更新学生信息！"的提示，如图 7.34 所示。

图 7.32 程序运行结果

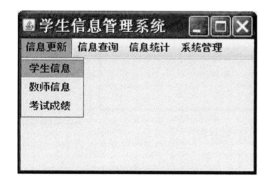

图 7.33 选择"学生信息"

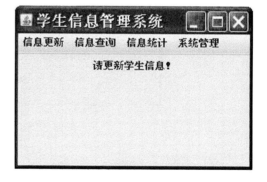

图 7.34 出现"请更新学生信息！"的提示

### 7.6.4 JPopupMenu

JPopupMenu 弹出式菜单是 Swing 组件特有的组件，它在组件的任何地方都可以显示，

实用 Java 语言程序设计——基于 Eclipse

也可以相对于屏幕的任何地方显示。关于 JPopupMenu 弹出式菜单创建和使用同前面介绍的菜单基本相同。

需要注意的是 JPopupMenu 提供了一个非常重要的方法：
JPopupMenu.show(Component invoker,**int** x,**int** y)
显示弹出菜单。参数 invoker 为显示菜单的组件，参数 x，y 是弹出菜单左上角的坐标。下面看一个 JpopupMenu 的例子。

**例 7.18**：
```
JPopupMenu jpopupmenu1 = new JpopupMenu();
JMenuItem jmenuitem1 = new JMenu("退出");
jmenuitem1.addActionListener(Listener); //Listener是定义的ActionListener
                                                        监听器
jpopupmenu1.add(jmenuitem1);
jpopupmenu1.show(panel,x,y);
```

## 7.7 用 Swing 设计一个界面

本节将通过使用 Swing 组件设计如下的界面，如图 7.35 所示，来综合地学习一下 Swing 各组件的具体使用方法。

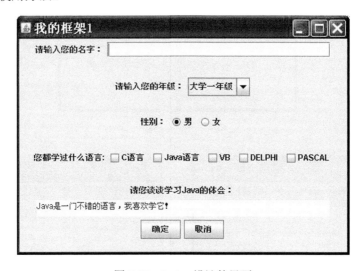

图 7.35 Swing 设计的界面

程序的源代码如下：
```
import javax.swing.*;
import java.awt.*;
import java.awt.event.*;
public class SwiExample {
    public static void main(String[] args) {
```

```java
JFrame jframe1 = new JFrame("我的框架1");//建立一个带有"我的框架1"为标题
                                          的框架jframe1
jframe1.setSize(500,350); //设置框架窗体的大小
JPanel p1 = new JPanel();   //定义面板容器
p1.add(new JLabel("请输入您的名字: "));
p1.add(new JTextField(30));
JPanel p2 = new JPanel();
p2.add(new JLabel("请输入您的年级: "));
String [] name = {"大学一年级","大学二年级","大学三年级","大学四年级"};
                          //定义一个字符串数组
JComboBox jcb1 = new JComboBox(name);//生成组合框,组合框中的内容是name
                                      数组的内容
p2.add(jcb1);
JPanel p3 = new JPanel();
p3.add(new JLabel("性别: "));
JRadioButton jrb1 = new JRadioButton("男",true); //定义复选按钮组件,初
                                                  始状态为选中
JRadioButton jrb2 = new JRadioButton("女",false);//初始状态未选中
ButtonGroup bg1 = new ButtonGroup(); //定义按钮组
bg1.add(jrb1);
bg1.add(jrb2);
p3.add(jrb1);
p3.add(jrb2);
JPanel p4 = new JPanel();
p4.add(new JLabel("您都学过什么语言:"));
p4.add(new JCheckBox("C语言"));
p4.add(new JCheckBox("Java语言"));
p4.add(new JCheckBox("VB"));
p4.add(new JCheckBox("DELPHI"));
p4.add(new JCheckBox("PASCAL"));
JPanel p5 = new JPanel();
p5.add(new JLabel("请您谈谈学习Java的体会: "));
p5.add(new JTextArea("Java是一门不错的语言,我喜欢学它! ",2,40));
JPanel p6 = new JPanel();
JButton jbt1 = new JButton("确定");//生成一个按钮组件
JButton jbt2 = new JButton("取消");
p6.add(jbt1);
p6.add(jbt2);
jbt1.addActionListener(new ActionListener(){//添加动作侦听器,当按钮被
                                             按下时执行这里的代码
```

```
            public void actionPerformed(ActionEvent e){
              //写你自己想执行的程序
            }
        });
        jframe1.getContentPane().setLayout(new GridLayout(6,1));
        jframe1.getContentPane().add(p1);
        jframe1.getContentPane().add(p2);
        jframe1.getContentPane().add(p3);
        jframe1.getContentPane().add(p4);
        jframe1.getContentPane().add(p5);
        jframe1.getContentPane().add(p6);     //把按钮组件加到框架窗口中
        jframe1.setVisible(true);  //框架窗体在屏幕上显示出来
    }
}
```

上述代码得到的程序运行结果如图7.36所示。

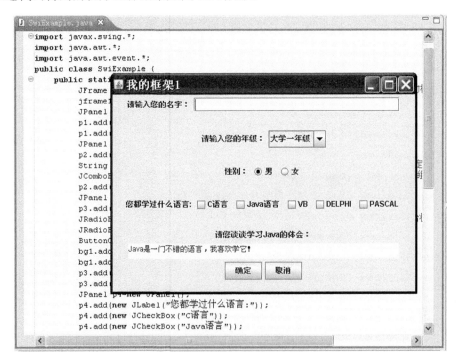

图7.36　程序运行结果

## 7.8　上 机 练 习

**练习1**　请设计一个系统登录的界面。要求用户能够输入用户名和密码，如果用户名和密码正确，那么通过对话框显示成功登录；否则通过对话框显示用户名或密码错误。已知用户名为"user",密码是"password"。

练习2 创建一个JTable表,显示旅游信息,包括时间、旅游地点以及所使用的交通工具等。

## 7.9 参 考 答 案

**练习1参考答案:**

```java
import javax.swing.*;
import java.awt.*;
import java.awt.event.*;
public class ExecLogin{
public static void main(String[] args) {
        JFrame jframe1 = new JFrame("系统登录");//建立一个框架
        jframe1.setSize(300,180); //设置框架窗体的大小
        JPanel p1 = new JPanel();
        p1.add(new JLabel("用户名: "));
        final JTextField jtduser = new JTextField(16); //定义文本框
        p1.add(jtduser);
        JPanel p2 = new JPanel();
        p2.add(new JLabel("密码:   "));
        final JPasswordField jpwd = new JPasswordField(16);//定义口令文本框
        p2.add(jpwd);
        JPanel p3 = new JPanel();
        JButton jbt1 = new JButton("确定");//生成一个按钮组件
        JButton jbt2 = new JButton("取消");
        p3.add(jbt1);
        p3.add(jbt2);
        jbt1.addActionListener(new ActionListener(){//添加动作侦听器,当按钮被
                                                    按下时执行这里的代码
           public void actionPerformed(ActionEvent e){
             if(((jtduser.getText()).equals("user"))&&((new String
(jpwd.getPassword())).equals("password")))
                JOptionPane.showMessageDialog(null, "成功登录! ","系统提示",
JOptionPane.OK_OPTION); //系统提示对话框
             else
                   JOptionPane.showMessageDialog(null, "输入的用户名或密码
不对,请重新输入! ","系统提示",JOptionPane.ERROR_MESSAGE);
           }
```

```
    });
    //当按取消按钮时,用户名和密码输入信息都变为空
    jbt2.addActionListener(new ActionListener(){//添加动作侦听器,当按钮被
                                                  按下时执行这里的代码
        public void actionPerformed(ActionEvent e){
          jtduser.setText("");
          jpwd.setText("");
        }
    });
    jframe1.getContentPane().setLayout(new GridLayout(3,1));
                                                //设定布局管理器
    jframe1.getContentPane().add(p1);
    jframe1.getContentPane().add(p2);
    jframe1.getContentPane().add(p3);    //把按钮组件加到框架窗口中
    jframe1.setVisible(true); //框架窗体在屏幕上显示出来
  }
}
```

程序运行结果如图 7.37 所示,当用户输入正确的用户名和密码,系统提示"成功登录!";否则系统会提示"输入的用户名或密码不对,请重新输入!"。

图 7.37　程序运行结果

**练习 2 参考答案：**

```java
import javax.swing.*;
import java.awt.*;
import java.awt.event.*;
public class ExecTable {
    public static void main(String[] args) {
        JFrame jframe1 = new JFrame("我的旅游信息");//建立一个带有标题的框架
        jframe1.setSize(400,200); //设置框架窗体的大小
        String[ ] jtabcol = {"旅游时间","旅游地点","交通工具","风光体会"};
                        //定义一个字符串数组
        String [ ][ ] jtabdata = {
        {"0701","哈尔滨","火车","滑雪很开心"},
        {"0706","北戴河","汽车","游泳很棒"},
        {"0808","北京","飞机","奥运烟花精彩无限"},
        {"0812","海南三亚","飞机","大海真美"}
        }; //定义一个二维数组
        JTable jtab1 = new JTable(jtabdata,jtabcol); //生成一个带有数据内容的表格
        JScrollPane jsp = new JScrollPane(jtab1); //生成一个面板容器,把 JTable
                                                    添加到面板中
        jframe1.getContentPane( ).add(jsp, BorderLayout.CENTER);
jframe1.setVisible(true); //框架窗体在屏幕上显示出来
    }
}
```

程序运行结果如图 7.38 所示。即通过表格显示出了旅游信息，包括旅游时间、旅游地点、交通工具和风光体会。

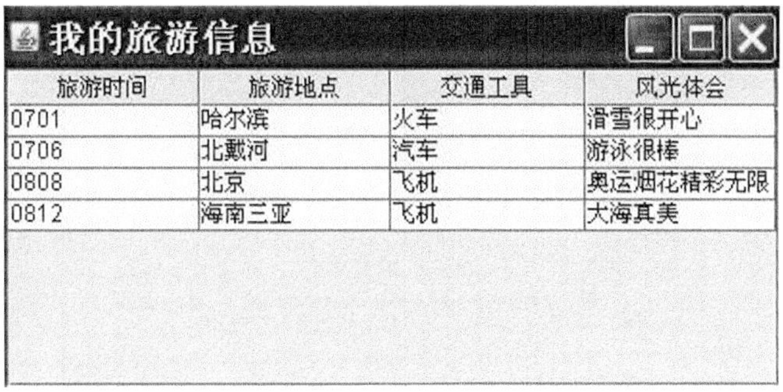

图 7.38　程序运行结果

# 第8章 Java数据库连接

Java 数据库连接 JDBC（Java Database Connectivity）是由 Java 语言开发的 Java 数据库互连解决方案，它能够实现以平台独立的方式和各种数据相关联，而且对各种数据库的访问能力很强。

## 8.1 JDBC 概述

在了解 JDBC 前，首先来回顾一下曾经在其他课程中学习过的 ODBC。

开放数据库互联（Open Database Connectivity，ODBC）是用纯 C 语言开发的，它用于访问多种格式的数据库应用程序 API，是当前与关系型数据库连接比较常用的接口。

下面以 Access 数据库为例，讲解一下 ODBC 数据源建立的过程。其他数据库类似。

事先打开 Access 数据库软件，建立一个新的数据库名称为 student.mdb，然后假定对该库来配置数据源操作。那么建立 ODBC 数据源的一般步骤为：

首先打开"控制面板"，双击"管理工具"，在管理工具页面双击"数据源 ODBC"，就可以看到 ODBC 数据源管理器对话框了，如图 8.1 所示。

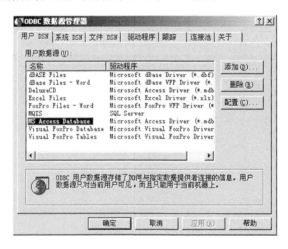

图 8.1　ODBC 管理器允许指定 JDBC 使用的数据源

在图 8.1 上面一排有多个标签，其中包括"用户 DSN"、"系统 DSN"、"文件 DSN"等。"DSN"代表"数据源名称"（Data Source Name）。上述 3 种"DSN"的具体含义为：

（1）用户 DSN 会把相应的配置信息保存在 Windows 的注册表中，但是只允许创建该

DSN 的登录用户使用。

（2）系统 DSN 同样将有关的配置信息保存在系统注册表中，但是与用户 DSN 不同的是，系统 DSN 允许所有登录服务器的用户使用。

（3）文件 DSN 把具体的配置信息保存在硬盘上的某个具体文件中。文件 DSN 允许所有登录服务器的用户使用，而且即使在没有任何用户登录的情况下，也可以提供对数据库 DSN 的访问支持。

根据具体需要选择上述一种"DSN"，然后单击"添加"按钮，打开如图 8.2 所示的窗口。（这里选择"系统 DSN"）

图 8.2　指定存储数据的数据库类型

那么在图 8.2 选择驱动程序时，对于 Access 数据库来说，出现了两个选择，即"Driver do Microsoft Access"和"Microsoft Access Driver"，如何选择呢，它们有何区别呢？

问题的答案是这样的，前者所选是的 ODBC 驱动程序，后者则是微软公司提供的数据接口。本质上无任何区别，不过，微软公司的驱动是专门进行优化过的。一般选后者居多。

在图 8.2 中选择数据库 MS Access 的驱动程序"Microsoft Access Driver"，并单击"完成"按钮，进入如图 8.3 所示的窗口。

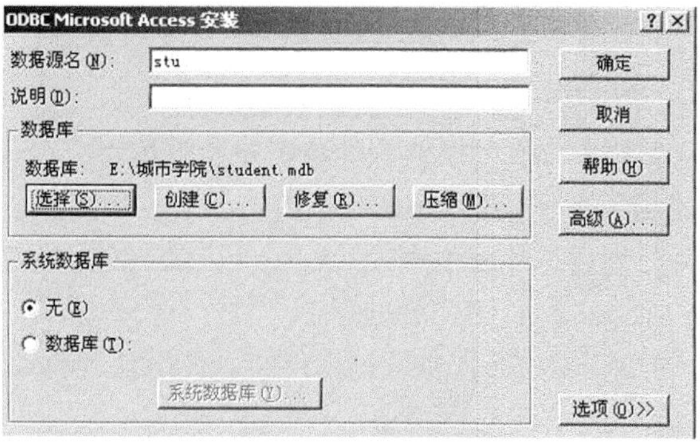

图 8.3　指定数据库的位置

在图 8.3 窗口中，输入要使用的数据源的名称，我们输入"stu"，然后单击"选择"按钮，找到要使用的数据库，然后单击"确定"按钮，进入如图 8.4 所示的窗口。

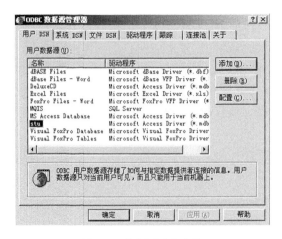

图 8.4 数据源建立完毕

这样，数据源 stu 就建好了。

通过以上 ODBC 数据源建立的过程，可以针对各种常用的数据库应用软件如 dBase、FoxPro、SQL Server 等建立它们的 ODBC 数据源，而且建立的方法大体一致。

JDBC 是由一组 Java 语言编写的类和接口组成，使用内嵌式的 SQL，使得程序设计人员有一个标准的、纯 Java 的数据库程序设计接口，为在 Java 中使用任意类型的数据库提供技术支持。JDBC 是建立在 ODBC 的基础上的，实际上可视为 ODBC 的 Java 语言翻译形式，而 JDBC 在使用上比 ODBC 更方便。在使用 JDBC 连接数据库时，也可以使用 ODBC 来完成，但是要通过中介 JDBC-ODBC Bridge。

JDBC 中最重要的部分是定义了一系列的抽象接口，通过这些接口，JDBC 实现了 3 个基本的功能：建立与数据的连接、执行 SQL 声明及处理执行结果。

这些接口都存在 Java 的 sql 包中，它们的名称和基本功能是：

java.sql.DriverManager：用于处理驱动程序的加载和建立新数据库连接。

java.sql.Connection：用于处理与特定数据库的连接。

java.sql.Statement：用于在指定连接中处理 SQL 语句。

java.sql.PreparedStatement：Statement 的子类，用于处理预编译的 SQL 语句。

java.sql.CallableStatement：Statement 的子类，用于处理数据库存储过程。

java.sql.ResultSet：用于处理数据库操作结果集。

Java 程序员通过 sql 包中定义的一系列抽象类对数据库进行操作，而实现这些抽象类，实际完成操作，则是由数据库驱动器 Driver 运行的。

JDBC 的 Driver 可分为以下 4 种类型：

（1）JDBC-ODBC Bridge 和 ODBC Driver

这种驱动器通过 ODBC 驱动器提供数据库连接。使用这种驱动器，要求每一台客户机都装入 ODBC 的驱动器。

（2）Native-API partly-Java Driver

这种驱动器将 JDBC 指令转化成所连接使用的 DBMS 的操作形式。各客户机使用的数据库可能是 Oracle，可能是 Sybase，也可能是 Access，都需要在客户机上装有相应 DBMS 的驱动程序。

（3）JDBC-Net All-Java Driver

这种驱动器将 JDBC 指令转化成独立于 DBMS 的网络协议形式，再由服务器转化为特定 DBMS 的协议形式。有关 DBMS 的协议由各数据库厂商决定。这种驱动器可以连接到不同的数据库上，最为灵活。目前一些厂商已经开始添加 JDBC 的这种驱动器到它们已有的数据库中介产品中。要注意的是，为了支持广域网存取，需要增加有关安全性的措施，如防火墙等。

（4）Native-protocol All-Java Driver

这种驱动器将 JDBC 指令转化成网络协议后不再转换，由 DBMS 直接使用，相当于客户机直接与服务器联系，对局域网适用。

在这 4 种驱动器中，后两类"纯 Java"（All-Java）的驱动器效率更高，也更具有通用性。但目前第一、第二类驱动器比较容易获得，使用也较普遍。本书中的例子就都是用 JDBC-ODBC Bridge 驱动器完成的。

## 8.2 JDBC-ODBC 编程

Java 通过 JDBC-ODBC Bridge 访问数据库的一般为以下 5 个步骤：

（1）创建指定数据库的 URL

要建立与数据库的连接，首先要创建指定数据库的 URL。URL 的一般形式如下：

`String url = jdbc:odbc:数据源的名字;`

（2）加载驱动程序

为了连接具体的数据库，JDBC 必须首先加载该数据库的相应驱动程序，程序代码形式如下：

`Class.forName("sun.jdbc.odbc.JdbcOdbcDriver");`

Class 是包 java.lang 中的一个类，该类通过调用静态方法 forName 加载 sun.jdbc.odbc 包中的 JdbcOdbcDriver 类来建立 JDBC-ODBC 桥接器。

（3）创建连接

使用 DriverManager 类中的方法 getConnection 来建立与具体的数据库连接。程序代码形式如下：

`Connection Con = java.sql.DriverManager.getConnection("数据库的URL", "登录数据库用户名", "用户口令");`

（4）创建 SQL 语句对象

建立连接后，使用 Statement 声明一个 stmt 语句对象，然后通过数据连接的对象 con 调用 createStatement()方法来创建这个 stmt 语句对象。程序代码形式如下：

`Statement stmt = con.createStatement();`

（5）执行查询、处理查询结果

有了 Statement 对象后，就可以调用 Statement 的方法来实现对数据库的各种操作，如果有查询结果，那么放在一个 ResultSet 对象中。程序代码形式如下：

`ResultSet rs = stmt.executeUpdate("SQL语句的内容");`

然后根据 ResultSet 类所提供的方法，就可以得到对数据库的查询结果。

8.3 节中通过具体例子的学习，就可以轻松地进行 JDBC 编程了。

## 8.3 JDBC-ODBC 访问数据库

### 8.3.1 JDBC 访问 Access 数据库

首先建立一个 Access 数据库 student.mdb，其中表 ChinaStu 有字段 number(文本型长度32，并且设为主关键字)、name（文本型长度32）、age（整型）、province（文本型长度32）、score（整型），如图 8.5 所示。

为了学习数据库查询，手动添加一些记录作调试程序用，如图 8.6 所示。

图 8.5  student 数据库            图 8.6  ChinaStu 表中的数据

按照 8.1 节中所学习的建立 ODBC 数据源的方法，建立数据源，名称为 stu，指向 student.mdb。然后 Java 就可以通过 JDBC 来实现访问 Access 数据库的操作了。

程序 JdbcAccess.java 说明了 JDBC-ODBC Bridge 编程访问 Access 数据库的具体步骤，具体代码如下。

**例 8.1**：

```java
import java.sql.*;
public class JdbcAccess {
    public static void main(String[] args) {
        //创建指定数据库的URL,stu是建立的ODBC数据源
        String url = "jdbc:odbc:stu";
        //SQL语句内容
        String query = "select number,name,age,province,score from ChinaStu";
        try{
            //加载jdbc-odbc bridge 驱动程序
            Class.forName("sun.jdbc.odbc.JdbcOdbcDriver");
            //创建连接
```

```java
            //其中user,password是被访问数据的数据库用户名和用户口令
            Connection con = DriverManager.getConnection(url,"user","password");
            //创建一个Statement对象
            Statement stmt = con.createStatement();
            //执行查询，返回结果集
            ResultSet rs = stmt.executeQuery(query);
            while(rs.next()){
                    String stu_number = rs.getString("number");
                    String stu_name = rs.getString("name");
                    Integer stu_age = rs.getInt("age");
                    String stu_prov = rs.getString("province");
                    Integer stu_score = rs.getInt("score");
                    System.out.print(" "+stu_number);
                    System.out.print(" "+stu_name);
                    System.out.print(" "+stu_age);
                    System.out.print(" "+stu_prov);
                    System.out.print(" "+stu_score);
                    System.out.println();
            }
            System.out.println("select successfully!");
            //关闭rs
            rs.close();
            //关闭stmt
            stmt.close();
            //关闭连接
            con.close();
        }
        catch(java.lang.Exception ex){
            ex.printStackTrace();
        }
    }
}
```

程序运行结果如图 8.7 所示。

图 8.7  程序运行结果

## 8.3.2 JDBC-ODBC 访问 SQL Server 数据库

首先在 SQL Server 2000 中创建一个名称为 InfoManger 数据库，然后在这个数据库中建立一个名称为 PaperInfo 表，该表用于记录和存储毕业生毕业设计信息。表中包含的字段为：学号（char 32，并且设为主关键字）、姓名（char 32）、所学专业（char 64）、指导教师（char 32）、毕设分数（int 4），并且在表中存在了如下记录，如图 8.8 所示。

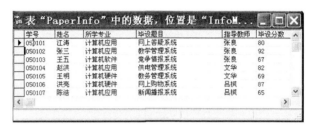

图 8.8　PaperInfo 表中的数据

那么通过程序 JdbcSqlSer.java 来说明通过 JDBC-ODBC Bridge 编程访问 SQL Server 2000 数据库的具体步骤。具体代码如下：

**例 8.2：**

```
import java.sql.*;
public class JdbcSqlSer {
    public static void main(String[] args) {
        //创建两个PreparedStatement对象
        PreparedStatement stmt1 = null,stmt2 = null;
        String query1 = null,query2 = null;
        //创建指定数据库的URL,stu是建立的ODBC数据源的名称
        String url = "jdbc:odbc:StuInfo";
        try{
            //加载jdbc-odbc bridge 驱动程序
            Class.forName("sun.jdbc.odbc.JdbcOdbcDriver");
            //创建连接,其中user,password是被访问数据的数据库用户名和用户口令
            Connection con1 = DriverManager.getConnection(url,"user","password");
            Connection con2 = DriverManager.getConnection(url,"user","password");
            stmt1 = con1.prepareStatement("select 学号,姓名　from PaperInfo where 毕设分数 >= 85");
            //执行查询，返回结果集
            ResultSet rs = stmt1.executeQuery();
            if (rs == null) return;
            while(rs.next())
```

```
                {
                    String stu_number = rs.getString("学号");
                    String stu_name = rs.getString("姓名");
                    stu_name = "*"+stu_name;
                    //把毕设分数 >= 85的同学姓名前加*
                    stmt2 = con2.prepareStatement("update PaperInfo set 姓名 = ? where 学号=? ");
                    stmt2.setString(1,stu_name);
                    stmt2.setString(2, stu_number);
                    stmt2.executeUpdate();
                    stmt2.close();
                    System.out.print(stu_number);
                    System.out.print(stu_name);
                    System.out.println();
                }
                con2.close();
                //关闭rs
                rs.close();
                //关闭 stmt
                stmt1.close();
                //关闭连接
                con1.close();
            }
            catch(java.lang.Exception ex){
                ex.printStackTrace();
            }
        }
    }
```

上述程序实现的功能为：通过 JDBC-ODBC Bridge 编程访问 SQL Server 2000 的数据库表 PaperInfo 中的字段，并且把毕设成绩≥85 分的同学的学号和姓名显示出来，并且把表中上述同学的姓名前加 "*" 作标记。程序运行结果如图 8.9、图 8.10 所示。

图 8.9　毕设成绩≥85 分的同学的学号和姓名

图 8.10 数据表中毕设成绩≥85 分同学姓名前带"*"

总之,通过上面的两个例子就可以了解,无论是对 dBase、FoxPro、SQL Server 等哪种数据库编程,只要建立相应的数据源,然后通过以上方法都可以实现对该数据库进行操作。

## 8.4 开发一个小型的数据库管理系统

在本节中,介绍如何运用前面已学的知识开发一个高校学生成绩管理系统。通过实际的设计与开发,从而提高软件工程的运用能力和软件开发的动手能力。

### 8.4.1 可行性分析和需求分析

随着科学技术的发展,计算机领域不断取得新的研究成果。计算机在代替和延伸脑力劳动方面发挥着越来越重要的作用,不仅在工业方面而且在高校的信息化建设中也越来越离不开计算机。随着高校的快速发展,高校规模越来越大,在校生的人数和课程的数量越来越大,开发一套学生成绩管理系统的任务迫在眉睫。

在高校中,应用学生成绩管理系统,能够有效解决学生成绩信息量大、数据难以统计、数据更新困难等问题,能够提高高校的教学管理效率,而且能够及时准确地掌握学生对所设课程的掌握情况,能够准确定位教学过程中存在的一些问题,从而能够提高高校的教学质量。

根据各高校实际学生成绩管理工作中所涉及的各种数据信息,将系统分为以下几个模块来完成。

(1)系统登录

为保证系统的安全性,用户需要经过身份验证才能登录系统。

(2)信息更新

信息更新包括学生信息、教师信息、考试成绩 3 部分,能够实现各种信息记录的增加、修改,信息更新非常方便简捷。

(3)信息查询

信息查询包括基本信息、成绩明细、学分查询 3 部分,用户可以根据不同需要查询到不同学生基本信息和成绩、学分信息等。

(4)信息统计

信息统计包括成绩统计、学分统计两部分。根据配置条件统计出学生成绩以及学分是否修满等信息。

(5) 系统管理

系统管理包括系统配置、退出系统两部分。用户可以在系统配置部分中灵活设置学生所需学分的标准。

### 8.4.2 系统功能结构图

下面是学生成绩管理系统的功能结构图，如图 8.11 所示。

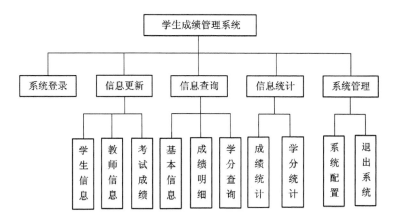

图 8.11 系统的功能结构

### 8.4.3 数据库设计

本系统采用 SQL Server 2000 数据库，其数据库的名称为 Student，数据库 Student 中包含了 6 个表：学生信息表 Student_Info、教师信息表 Teacher_Info、学生成绩表 Grade_Info、学生课程科目表 Subject_Info、系统配置表 Config_Info 和用户信息表 User_Info。

下面是在 SQL Server 2000 中，本系统的数据库 Student 包含的各表，如图 8.12 所示。

图 8.12 本系统的数据表

下面通过表格的形式，见表 8.1～表 8.6，详细地列出了各表的设计形式。

表 8.1 Student_Info（学生信息表）

| 字段名 | 数据类型 | 长度 | 是否主键 | 简单描述 |
| --- | --- | --- | --- | --- |
| stuid | varchar | 16 | 是 | 学生学号 |
| stuname | varchar | 32 | 否 | 学生姓名 |
| stusex | varchar | 8 | 否 | 学生性别 |

续表

| 字段名 | 数据类型 | 长度 | 是否主键 | 简单描述 |
|---|---|---|---|---|
| stuage | int | 4 | 否 | 学生年龄 |
| stuaddr | varchar | 64 | 否 | 学生家庭住址 |
| stuyear | varchar | 16 | 否 | 入学年月 |
| stumajor | varchar | 32 | 否 | 所有专业 |
| stuphone | varchar | 16 | 否 | 联系电话 |

表 8.2　Teacher_Info（教师信息表）

| 字段名 | 数据类型 | 长度 | 是否主键 | 简单描述 |
|---|---|---|---|---|
| teaid | varchar | 16 | 是 | 教师编号 |
| teaname | varchar | 32 | 否 | 教师姓名 |
| teasex | varchar | 8 | 否 | 教师性别 |
| tealevel | varchar | 8 | 否 | 教师等级（助教、讲师、副教、正教） |
| teadptment | varchar | 32 | 否 | 所在部门 |
| teaphone | varchar | 16 | 否 | 教师电话 |

表 8.3　Grade_Info（学生成绩表）

| 字段名 | 数据类型 | 长度 | 是否主键 | 简单描述 |
|---|---|---|---|---|
| stuid | varchar | 16 | 是 | 学生学号 |
| subid | varchar | 16 | 是 | 课程号 |
| teaid | varchar | 16 | 是 | 授课教师编号 |
| grade | float | 8 | 否 | 考试成绩 |
| exakind | varchar | 16 | 否 | 考试类别（期中、期末、补考） |

表 8.4　Subject_Info（学生课程科目表）

| 字段名 | 数据类型 | 长度 | 是否主键 | 简单描述 |
|---|---|---|---|---|
| subid | varchar | 16 | 是 | 课程编号 |
| subname | varchar | 32 | 否 | 课程名称 |
| subtype | varchar | 16 | 否 | 课程类型（选修、必修） |
| subscore | int | 4 | 否 | 学分 |

表 8.5 Config_Info（系统配置表）

| 字段名 | 数据类型 | 长度 | 是否主键 | 简单描述 |
|---|---|---|---|---|
| conftype | varchar | 16 | 否 | 配置类型（ScoLev） |
| LevVal | float | 8 | 否 | 级别值 |

表 8.6 User_Info（用户信息表）

| 字段名 | 数据类型 | 长度 | 是否主键 | 简单描述 |
|---|---|---|---|---|
| userid | varchar | 16 | 是 | 用户编号 |
| username | varchar | 32 | 否 | 用户姓名 |
| userpasswd | varchar | 16 | 否 | 用户口令 |
| userpmsion | varchar | 16 | 否 | 用户权限（中、高、低） |

### 8.4.4 系统的设计和代码实现

本系统的详细设计部分大体上通过操作数据库的公共模块类、系统登录模块、高校学生成绩管理系统、信息添加、信息查询、信息统计、系统管理 7 个部分来实现。下面分别来详细讲解。

**1. 操作数据库的公共模块类**

（1）ConnDB.java

数据库的连接操作是系统中非常重要的部分，系统运行首先要进行数据库的连接操作，如果连接失败，则系统不能正常运行；还有执行 SQL 语句以及关闭数据库连接等这些对于数据库的操作系统中会多次用到，把它们统一写在 ConnDB 类中，这样有利于程序的可重用性和程序结构的规范化。其具体代码如下：

```java
//连接数据库的类
import java.sql.*;
public class ConnDB {
    private Statement stmt = null;
    ResultSet rs = null;
    private Connection conn = null;
    String sql;
    String strurl = "jdbc:odbc:stumis";
    public ConnDB(){
    }
    //打开数据库连接
    public void OpenConn() throws Exception{
        try{
```

```java
            Class.forName("sun.jdbc.odbc.JdbcOdbcDriver");
            conn = DriverManager.getConnection(strurl,"user","password");
        }
        catch(Exception e){
            System.err.println("OpenConn:"+e.getMessage());
        }
    }
    //执行SQL语句,返回结果集rs
    public ResultSet executeQuery(String sql){
        stmt = null;
        rs = null;
        try{
            stmt = conn.createStatement(ResultSet.TYPE_SCROLL_INSENSITIVE,ResultSet.CONCUR_READ_ONLY);
            rs = stmt.executeQuery(sql);
        }
        catch(SQLException e){
            System.err.println("executeQuery:"+e.getMessage());
        }
        return rs;
    }

    // 执行SQL语句
    public void executeUpdate(String sql){
        stmt = null;
        rs = null;
        try{
            stmt = conn.createStatement();
            stmt.executeQuery(sql);
            conn.commit();
        }
        catch(SQLException e){
        }
    }
    //关闭stmt
    public void closeStmt(){
        try{
            stmt.close();
        }
```

```java
        catch(SQLException e){
            System.err.println("closeStmt:"+e.getMessage());
        }
    }
    // 关闭数据库连接
    public void closeConn(){
        try{
            conn.close();
        }
        catch(SQLException ex){
            System.err.println("aq.closeConn:"+ex.getMessage());
        }
    }
}
```

(2) LoginDB.java

该类完成的功能是：在系统登录过程中，系统通过操作数据库来验证用户的有效身份，验证通过才能进入系统，否则不能进入。具体代码如下：

```java
import java.sql.*;
public class LoginDB {
    String sql;
    ResultSet rs = null;
    public LoginDB() {
    }
    public int Test(String struser,String strpwd){
        ConnDB cdb = new ConnDB();
    sql = "select count(*) from User_Info where username = '"+struser+"' and userpasswd = '"+strpwd+"' ";
        try{
            cdb.OpenConn();
            rs = cdb.executeQuery(sql);
            if(rs == null)
             return 0;
            if(rs.next()){
             if(rs.getInt(1)>0)
                return 1;
             else
                return 0;
            }
        }
```

```java
        catch(Exception e){
            System.out.print(e);
        }
        finally{
            cdb.closeStmt();
            cdb.closeConn();
        }
        return 1;
    }
}
```

（3）StuInfoDB.java

该类是实现所有的访问和操作学生信息表的功能的类。

```java
import java.sql.*;
import javax.swing.JOptionPane;
public class StuInfoDB {
    String sql;
    ResultSet rs = null;
    public StuInfoDB(){
    }
    //添加学生信息
    public void stuUpdate(String strid,String strname,String strsex,String strage,String stryear,String strmajor,String strphone,String straddr){
        if(strid == null){
            JOptionPane.showMessageDialog(null, "请输入学生编号！","系统提示",JOptionPane.ERROR_MESSAGE);
        }
        else{
            ConnDB cdb = new ConnDB();
            sql = "insert Student_Info(stuid,stuname,stusex,stuage, stuyear, stumajor,stuphone,stuaddr)   values('"+strid+"','"+strname+"', '"+strsex+"', '"+strage+"','"+stryear+"','"+strmajor+"','"+strphone+"','"+straddr+"') ";
            try{
                cdb.OpenConn();
                cdb.executeUpdate(sql);
            }
            catch(Exception e){
             System.out.print(e);
            }
            finally{
```

```java
            cdb.closeStmt();
            cdb.closeConn();
        }
    }
}
//返回所有学生的学号
public String[] stuID(){
    ConnDB cdb = new ConnDB();
    String []s = null;
    int Reccount = 0,i = 0;
    sql = "select stuid from Student_Info";
    try{
        cdb.OpenConn();
        rs = cdb.executeQuery(sql);
        if(rs.last()){
        Reccount = rs.getRow();

        }
        if(Reccount == 0){
            s = null;
        }
        else{
            s = new String[Reccount];
            rs.first();
            rs.previous();
            while(rs.next()){
                s[i] = rs.getString("stuid");
                i = i+1;
            }
        }
    }
    catch(Exception e){
        System.out.print(e);
    }
    finally{
        cdb.closeStmt();
        cdb.closeConn();
    }
    return s;
```

```java
    }
//返回某个学生的学号
public String stuID(String strname){
    ConnDB cdb = new ConnDB();
    String s = null;
    int Reccount = 0;
sql = "select stuid from Student_Info where stuname = '"+strname+"'";
    try{
        cdb.OpenConn();
        rs = cdb.executeQuery(sql);
        if(rs.last()){
        Reccount = rs.getRow();

        }
        if(Reccount == 0){
        s = null;
        }
        else{
        rs.first();
        rs.previous();
        while(rs.next()){
            s = rs.getString("stuid");
        }
        }
    }
    catch(Exception e){
        System.out.print(e);
    }
    finally{
        cdb.closeStmt();
        cdb.closeConn();
    }
    return s;
}

//按学号查询学生信息
public String[][] stuidQuery(String strbegin,String strend){
    ConnDB cdb = new ConnDB();
    String[][] s = null;
```

```java
        int row = 0;
        int i = 0;
        sql = "select * from Student_Info where ((stuid <= '"+strend+"')and (stuid >= '"+strbegin+"'))";
        try{
            cdb.OpenConn();
            rs = cdb.executeQuery(sql);
            if(rs.last()){
                row = rs.getRow();
            }

            if(row == 0){
                s = null;
            }
            else{
                s = new String[row][8];
                rs.first();
                rs.previous();
                while(rs.next()){
                    s[i][0] = rs.getString("stuid");
                    s[i][1] = rs.getString("stuname");
                    s[i][2] = rs.getString("stusex");
                    s[i][3] = rs.getString("stuage");
                    s[i][4] = rs.getString("stuyear");
                    s[i][5] = rs.getString("stumajor");
                    s[i][6] = rs.getString("stuphone");
                    s[i][7] = rs.getString("stuaddr");
                    i++;
                }
            }
        }
        catch(Exception e){
        }
        finally {
            cdb.closeStmt();
            cdb.closeConn();
        }
        return s;
    }
```

//按性别查询学生信息
```java
public String[][] stusexQuery(String strsex){
    ConnDB cdb = new ConnDB();
    String[][] s = null;
    int row = 0;
    int i = 0;
    sql = "select * from Student_Info where stusex = '"+strsex+"'";
    try{
        cdb.OpenConn();
        rs = cdb.executeQuery(sql);
        if(rs.last()){
            row = rs.getRow();
        }

        if(row == 0){
            s = null;
        }
        else{
            s = new String[row][8];
            rs.first();
            rs.previous();
            while(rs.next()){
                s[i][0] = rs.getString("stuid");
                s[i][1] = rs.getString("stuname");
                s[i][2] = rs.getString("stusex");
                s[i][3] = rs.getString("stuage");
                s[i][4] = rs.getString("stuyear");
                s[i][5] = rs.getString("stumajor");
                s[i][6] = rs.getString("stuphone");
                s[i][7] = rs.getString("stuaddr");
                i++;
            }
        }
    }
    catch(Exception e){
    }
    finally {
        cdb.closeStmt();
        cdb.closeConn();
```

```
        }
        return s;
    }
    //按专业查询学生信息
    public String[][] stumjrQuery(String strmjr){
        ConnDB cdb = new ConnDB();
        String[][] s = null;
        int row = 0;
        int i = 0;
        sql = "select * from Student_Info where stumajor = '"+strmjr+"'";
        try{
            cdb.OpenConn();
            rs = cdb.executeQuery(sql);
            if(rs.last()){
                row = rs.getRow();
            }

            if(row == 0){
                s = null;
            }
            else{
                s = new String[row][8];
                rs.first();
                rs.previous();
                while(rs.next()){
                    s[i][0] = rs.getString("stuid");
                    s[i][1] = rs.getString("stuname");
                    s[i][2] = rs.getString("stusex");
                    s[i][3] = rs.getString("stuage");
                    s[i][4] = rs.getString("stuyear");
                    s[i][5] = rs.getString("stumajor");
                    s[i][6] = rs.getString("stuphone");
                    s[i][7] = rs.getString("stuaddr");
                    i++;
                }
            }
        }
        catch(Exception e){
        }
```

```java
        finally {
            cdb.closeStmt();
            cdb.closeConn();
        }
        return s;
    }
    //按入学时间查询学生信息
    public String[][] stuyrQuery(String stryrbegin,String stryrend){
        ConnDB cdb = new ConnDB();
        String[][] s = null;
        int row = 0;
        int i = 0;
        sql = "select * from Student_Info where ((stuyear <= '"+ stryrend+"')and (stuyear >= '"+stryrbegin+"'))";
        try{
            cdb.OpenConn();
            rs = cdb.executeQuery(sql);
            if(rs.last()){
                row = rs.getRow();
            }
            if(row == 0){
                s = null;
            }
            else{
                s = new String[row][8];
                rs.first();
                rs.previous();
                while(rs.next()){
                    s[i][0] = rs.getString("stuid");
                    s[i][1] = rs.getString("stuname");
                    s[i][2] = rs.getString("stusex");
                    s[i][3] = rs.getString("stuage");
                    s[i][4] = rs.getString("stuyear");
                    s[i][5] = rs.getString("stumajor");
                    s[i][6] = rs.getString("stuphone");
                    s[i][7] = rs.getString("stuaddr");
                    i++;
                }
```

```java
            }
        }
        catch(Exception e){
        }
        finally {
            cdb.closeStmt();
            cdb.closeConn();
        }
        return s;
    }

    //返回学生的专业
    public String[] stuMajor(){
        ConnDB cdb = new ConnDB();
        String s[] = null;
        int Reccount = 0,i = 0;
        sql = "select stumajor from Student_Info ";
        try{
            cdb.OpenConn();
            rs = cdb.executeQuery(sql);
            if(rs.last()){
                Reccount = rs.getRow();

            }
            if(Reccount == 0){
                s = null;
            }
            else{
                rs.first();
                rs.previous();
                s = new String[Reccount];
                while(rs.next()){
                    s[i] = rs.getString("stumajor");
                    i = i+1;
                }
            }
        }
        catch(Exception e){
            System.out.print(e);
```

            }
            **finally**{
                cdb.closeStmt();
                cdb.closeConn();
            }
            **return** s;
        }
}
    （4）TeaInfoDB.java
    该类是实现所有的访问和操作教师信息表的功能的类。
**import** java.sql.*;
**import** javax.swing.JOptionPane;
**public class** TeaInfoDB {
    String sql;
    ResultSet rs = **null**;
    **public** TeaInfoDB(){
    }
    **public void** teaUpdate(String strid,String strname,String strsex,String strlevel,String strdepart,String strphone){
        **if**(strid == **null**){
            JOptionPane.showMessageDialog(**null**, "请输入教师编号！","系统提示", JOptionPane.ERROR_MESSAGE);
        }
        **else**{
            ConnDB cdb = **new** ConnDB();
            sql = "insert Teacher_Info(teaid,teaname,teasex,tealevel,teadptment, teaphone) values('"+strid+"', '"+strname+"', '"+strsex+"', '"+strlevel+"', '"+strdepart+"','"+strphone+"') ";
            **try**{
                cdb.OpenConn();
                cdb.executeUpdate(sql);
            }
            **catch**(Exception e){
                System.*out*.print(e);
            }
            **finally**{
                cdb.closeStmt();
                cdb.closeConn();
            }

```java
    }
}
//返回所有教师编号
public String[] teaID(){
    ConnDB cdb = new ConnDB();
    String[] s = null;
    int Reccount = 0,i = 0;
    sql = "select teaid from Teacher_Info";
    try{
        cdb.OpenConn();
        rs = cdb.executeQuery(sql);
        if(rs.last()){
            Reccount = rs.getRow();
        }
        if(Reccount == 0){
            s = null;
        }
        else{
            s = new String[Reccount];
            rs.first();
            rs.previous();
            while(rs.next()){
                s[i] = rs.getString("teaid");
                i = i+1;
            }
        }
    }
    catch(Exception e){
        System.out.print(e);
    }
    finally{
        cdb.closeStmt();
        cdb.closeConn();
    }
    return s;
}
}
```

（5）SubInfoDB.java

该类是实现所有的访问和操作课程信息表的功能的类。

```java
import java.sql.*;
import javax.swing.JOptionPane;
public class SubInfoDB {
    String sql;
    ResultSet rs = null;
    public SubInfoDB(){
    }
    public void subUpdate(String strid,String strname,String strtype,String strscore){
        if(strid == null){
            JOptionPane.showMessageDialog(null, "请输入课程编号！","系统提示",JOptionPane.ERROR_MESSAGE);
        }
        else{
            ConnDB cdb = new ConnDB();
            sql = "insert Subject_Info(subid,subname,subtype,subscore) values ('"+strid+"','"+strname+"','"+strtype+"','"+strscore+"') ";
            try{
                cdb.OpenConn();
                cdb.executeUpdate(sql);
            }
            catch(Exception e){
                System.out.print(e);
            }
            finally{
                cdb.closeStmt();
                cdb.closeConn();
            }
        }
    }
    //返回所有课程编号
    public String[] subID(){
        ConnDB cdb = new ConnDB();
        String []s = null;
        int Reccount = 0,i = 0;
        sql = "select subid from Subject_Info";
        try{
            cdb.OpenConn();
            rs = cdb.executeQuery(sql);
```

```java
            if(rs.last()){
                Reccount = rs.getRow();
            }
            if(Reccount == 0){
                s = null;
            }
            else{
                s = new String[Reccount];
                rs.first();
                rs.previous();
                while(rs.next()){
                    s[i] = rs.getString("subid");
                    i = i+1;
                }
            }
        }
        catch(Exception e){
            System.out.print(e);
        }
        finally{
            cdb.closeStmt();
            cdb.closeConn();
        }
        return s;
    }
    //根据课程名称返回所有课程编号
    public String subID(String subname){
        ConnDB cdb = new ConnDB();
        String s = null;
        int Reccount = 0;
        sql = "select subid from Subject_Info where subname = '"+subname+"'";
        try{
            cdb.OpenConn();
            rs = cdb.executeQuery(sql);
            if(rs.last()){
                Reccount = rs.getRow();
            }
            if(Reccount == 0){
                s = null;
```

```java
        }
        else{
            rs.first();
            rs.previous();
            while(rs.next()){
                s = rs.getString("subid");
            }
        }
    }
    catch(Exception e){
        System.out.print(e);
    }
    finally{
        cdb.closeStmt();
        cdb.closeConn();
    }
    return s;
}
//根据课程编号返回学分
public int subScore(String subid){
    ConnDB cdb = new ConnDB();
    int s = 0;
    int Reccount = 0;
    sql = "select subscore from Subject_Info where subid = '"+subid+"'";
    try{
        cdb.OpenConn();
        rs = cdb.executeQuery(sql);
        if(rs.last()){
            Reccount = rs.getRow();
        }
        if(Reccount == 0){
            s = 0;
        }
        else{
            rs.first();
            rs.previous();
            while(rs.next()){
                s = rs.getInt("subscore");
```

```java
            }
        }
        catch(Exception e){
            System.out.print(e);
        }
        finally{
            cdb.closeStmt();
            cdb.closeConn();
        }
        return s;
    }
    //根据课程编号返回课程类型
    public String subType(String subid){
        ConnDB cdb = new ConnDB();
        String s = null;
        int Reccount = 0;
        sql = "select subtype from Subject_Info where subid = '"+subid+"'";
        try{
            cdb.OpenConn();
            rs = cdb.executeQuery(sql);
            if(rs.last()){
                Reccount = rs.getRow();

            }
            if(Reccount == 0){
                s = null;
            }
            else{
                rs.first();
                rs.previous();
                while(rs.next()){
                    s = rs.getString("subtype");
                }
            }
        }
        catch(Exception e){
            System.out.print(e);
        }
```

```java
        finally{
            cdb.closeStmt();
            cdb.closeConn();
        }
        return s;
    }
}
```

（6）ExaInfoDB.java

该类是实现所有的访问和操作考试成绩信息表的功能的类。

```java
import java.sql.*;
import javax.swing.JOptionPane;
public class ExaInfoDB {
    String sql,sql1;
    ResultSet rs = null,rs1 = null;
    public ExaInfoDB(){
    }
    public void exaUpdate(String strstuid,String strsubid,String strteaid,String strgrade,String strexakind){
        if((strstuid == null)||(strsubid == null)||(strteaid == null)){
            JOptionPane.showMessageDialog(null, "请选择学生编号、课程编号和教师编号！", "系统提示",JOptionPane.ERROR_MESSAGE);
        }
        else{
            ConnDB cdb = new ConnDB();
            sql = "insert Grade_Info(stuid, subid, teaid, grade, exakind) values ('"+strstuid+"','"+strsubid+"','"+strteaid+"',"+strgrade+", '"+strexakind+"')";
            try{
                cdb.OpenConn();
                cdb.executeUpdate(sql);
            }
            catch(Exception e){
                System.out.print(e);
            }
            finally{
                cdb.closeStmt();
                cdb.closeConn();
            }
        }
```

```java
    }
    public String[][] exaidQuery(String strid){
        ConnDB cdb = new ConnDB();
        String[][] s = null;
        int row = 0;
        int i = 0;
        sql = "select * from Grade_Info where stuid = '"+strid+"'";
        try{
            cdb.OpenConn();
            rs = cdb.executeQuery(sql);
            if(rs.last()){
                row = rs.getRow();
            }

            if(row == 0){
                s = null;
            }
            else{
                s = new String[row][5];
                rs.first();
                rs.previous();
                while(rs.next()){
                    s[i][0] = rs.getString("stuid");
                    s[i][1] = rs.getString("subid");
                    s[i][2] = rs.getString("teaid");
                    s[i][3] = rs.getString("grade");
                    s[i][4] = rs.getString("exakind");
                    i++;
                }
            }
        }
        catch(Exception e){
        }
        finally {
            cdb.closeStmt();
            cdb.closeConn();
        }
        return s;
    }
}
```

```java
public String[][] exaidscoQry(String strid){
    ConnDB cdb = new ConnDB();
    String[][] s = null;
    int row = 0;
    int i = 0;
    sql = "select * from Grade_Info where stuid = '"+strid+"'";
    try{
        cdb.OpenConn();
        rs = cdb.executeQuery(sql);
        if(rs.last()){
            row = rs.getRow();
        }

        if(row == 0){
            s = null;
        }
        else{
            s = new String[row][5];
            rs.first();
            rs.previous();
            while(rs.next()){
                s[i][0] = rs.getString("stuid");
                s[i][1] = rs.getString("subid");
                s[i][2] = rs.getString("teaid");
                s[i][3] = rs.getString("grade");
                if(rs.getFloat("grade") >= 60){
                    SubInfoDB sid = new SubInfoDB();
                    s[i][4] = sid.subScore(s[i][1])+"";
                }
                else
                    s[i][4] = 0+"";
                i++;
            }
        }
    }
    catch(Exception e){
    }
    finally {
        cdb.closeStmt();
```

```java
            cdb.closeConn();
        }
        return s;
    }

    //统计学生所修学分
    public String[][] exascoStat(String strscoLev,String strsubtype){
        ConnDB cdb = new ConnDB();
        ConnDB cdb1 = new ConnDB();
        String[][] s = null;
        String strsubid = null,strstuid = null,strsubty = null;
        int row = 0,i = 0,intscore = 0,isumscore = 0;
        float fScoVal = 0;
        sql = "select * from Grade_Info ";
        try{
            cdb.OpenConn();
            cdb1.OpenConn();
            rs = cdb.executeQuery(sql);
            if(rs.last()){
                row = rs.getRow();
            }
            if(row != 0){
                rs.first();
                rs.previous();
                while(rs.next()){
                    strstuid = rs.getString("stuid");
                    strsubid = rs.getString("subid");
                    if(rs.getFloat("grade") >= 60){
                        SubInfoDB sid = new SubInfoDB();
                        intscore = sid.subScore(strsubid);
                        strsubty = sid.subType(strsubid);
                    }
                    sql1 = "insert Score_Grade (stuid,subid,subtype, subscore) values ('"+strstuid+"','"+strsubid+"','"+strsubty+"',"+intscore+") ";
                    try{
                        cdb1.executeUpdate(sql1);
                    }
                    catch(Exception e){
                        System.out.print(e);
```

```java
            }
            finally{
                cdb1.closeStmt();
            }
                i++;
        }
        sql1 = "select sum(subscore),stuid from Score_Grade where subtype = '"+strsubtype+"' group by stuid ";
        try{
            rs1 = cdb.executeQuery(sql1);
            if(rs1.last()){
                row = rs1.getRow();
            }
            if(row == 0){
                s = null;
            }
            else{
                s = new String[row][3];
                rs1.first();
                rs1.previous();
                i = 0;
                ConfInfoDB cid = new ConfInfoDB();
                fScoVal = cid.GetScoLev();
                while(rs1.next()){
                    isumscore = rs1.getInt(1);
                    if(strscoLev == "修满学分"){
                        if(isumscore >= fScoVal){
                            s[i][0] = rs1.getString("stuid");
                            s[i][1] = strsubtype;
                            s[i][2] = isumscore+"";
                            i = i+1;
                        }
                    }
                    if(strscoLev == "未修满学分"){
                        if(isumscore<fScoVal){
                            s[i][0] = rs1.getString("stuid");
                            s[i][1] = strsubtype;
                            s[i][2] = isumscore+"";
                            i = i+1;
```

```java
                    }
                  }
                }
              }
            }
          catch(Exception e){
              System.out.print(e);
          }
          finally{
              cdb1.closeStmt();
          }
           sql1 = "delete from Score_Grade ";
           try{
              cdb.executeUpdate(sql1);
           }
          catch(Exception e){
              System.out.print(e);
          }
          finally{
              cdb1.closeStmt();
          }
        }
    }
    catch(Exception e){
    }
    finally {
        cdb1.closeConn();
        cdb.closeStmt();
        cdb.closeConn();
    }
    return s;
}
 public String[][] exasubidQry(String strsubid){
      ConnDB cdb = new ConnDB();
      String[][] s = null;
      int row = 0;
      int i = 0;
      sql = "select * from Grade_Info where subid = '"+strsubid+"'";
      try{
```

```java
            cdb.OpenConn();
            rs = cdb.executeQuery(sql);
            if(rs.last()){
                row = rs.getRow();
            }
            if(row == 0){
                s = null;
            }
            else{
                s = new String[row][5];
                rs.first();
                rs.previous();
                while(rs.next()){
                    s[i][0] = rs.getString("stuid");
                    s[i][1] = rs.getString("subid");
                    s[i][2] = rs.getString("teaid");
                    s[i][3] = rs.getString("grade");
                    s[i][4] = rs.getString("exakind");
                    i++;
                }
            }
        }
        catch(Exception e){
        }
        finally {
            cdb.closeStmt();
            cdb.closeConn();
        }
        return s;
    }
//统计学生成绩信息
    public String[][] statexaQry(String strsubid,String strGradLev, String strexakind){
        ConnDB cdb = new ConnDB();
        String[][] s = null;
        int row = 0;
        int i = 0;
        String strsql = null;
```

```java
        if(strGradLev.equals("优秀"))
            strsql = "grade >= 90";
        if(strGradLev.equals("良好"))
            strsql = "(grade<90) and (grade >= 80)";
        if(strGradLev.equals("中"))
            strsql = "(grade<80) and (grade >= 70)";
        if(strGradLev.equals("及格"))
            strsql = "(grade<70) and (grade >= 60)";
        if(strGradLev.equals("不及格"))
            strsql = "grade<60";
        sql = "select * from Grade_Info where (subid = '"+strsubid+"') and (exakind = '"+strexakind+"') and "+strsql;
        try{
            cdb.OpenConn();
            rs = cdb.executeQuery(sql);
            if(rs.last()){
                row = rs.getRow();
            }

            if(row == 0){
                s = null;
            }
            else{
                s = new String[row][5];
                rs.first();
                rs.previous();
                while(rs.next()){
                    s[i][0] = rs.getString("stuid");
                    s[i][1] = rs.getString("subid");
                    s[i][2] = rs.getString("teaid");
                    s[i][3] = rs.getString("grade");
                    s[i][4] = rs.getString("exakind");
                    i++;
                }
            }
        }
        catch(Exception e){
        }
        finally {
```

```java
                cdb.closeStmt();
                cdb.closeConn();
            }
        return s;
    }
}
```

(7) ConfInfoDB.java

该类是实现所有的访问和操作系统配置信息表的功能的类。

```java
import java.sql.*;
import javax.swing.JOptionPane;
public class ConfInfoDB {
    String sql,sql1;
    ResultSet rs = null;
    String strConfType = "ScoLev";//学分配置
    public ConfInfoDB(){
    }
    public void IntScoLev(String StrScoLev){
        int row = 0;
        if(StrScoLev == null){
            JOptionPane.showMessageDialog(null, "请输入修满学分最低值！","系统提示", JOptionPane.ERROR_MESSAGE);
        }
        else{
            ConnDB cdb = new ConnDB();
            ConnDB cdb1 = new ConnDB();
            sql = "select * from Config_Info where ConfType = '"+ strConfType+"'";
            try{
               cdb.OpenConn();
               cdb1.OpenConn();
                 rs = cdb.executeQuery(sql);
                if(rs.last()){
                    row = rs.getRow();
                }

                if(row == 0){
                    sql1 = "insert Config_Info(ConfType,LevVal) values ('"+strConfType+"',"+StrScoLev+") ";
                    try{
                        System.out.print(sql1);
```

```java
                cdb1.OpenConn();
                cdb1.executeUpdate(sql1);
            }
            catch(Exception e){
                System.out.print(e);
            }
            finally{
                cdb1.closeStmt();
                cdb1.closeConn();
            }
        }
        else{
            sql1 = "update Config_Info set LevVal = "+StrScoLev+" where ConfType = '"+strConfType+"' ";
            try{
                cdb1.OpenConn();
                cdb1.executeUpdate(sql1);
            }
            catch(Exception e){
                System.out.print(e);
            }
            finally{
                cdb1.closeStmt();
                cdb1.closeConn();
            }
        }
    }
    catch(Exception e){
        System.out.print(e);
    }
    finally{
        cdb.closeStmt();
        cdb.closeConn();
    }
}
//返回修满学分最低值
public float GetScoLev(){
    ConnDB cdb = new ConnDB();
```

```java
        float fScoLev = 0;
        int Reccount = 0;
        sql = "select LevVal from Config_Info ";
        try{
            cdb.OpenConn();
            rs = cdb.executeQuery(sql);
            if(rs.last()){
                Reccount = rs.getRow();
            }
            if(Reccount == 0){
                fScoLev = 0;
            }
            else{
                rs.first();
                rs.previous();
                while(rs.next()){
                    fScoLev = rs.getFloat("LevVal");
                }
            }
        }
        catch(Exception e){
            System.out.print(e);
        }
        finally{
            cdb.closeStmt();
            cdb.closeConn();
        }
        return fScoLev;
    }
}
```

**2. 系统登录模块**

login.java类主要实现系统登录模块中系统登录界面的功能,如图8.13所示。

图8.13 系统登录界面

具体代码如下：

```java
import javax.swing.*;
import java.awt.*;
import java.awt.event.*;
public class login {
    public static void main(String[] args) {
        final JFrame jfrmlogin = new JFrame("系统登录");//建立一个框架
        jfrmlogin.setSize(300,180);  //设置框架窗体的大小
        //设置运行位置
         Dimension screenSize = Toolkit.getDefaultToolkit(). getScreenSize();
          jfrmlogin.setLocation( (int) (screenSize.width - 400) / 2 ,
                            (int) (screenSize.height - 300) / 2 );
        JPanel p1 = new JPanel();
        p1.add(new JLabel("用户名: "));
        final JTextField jtxtuser = new JTextField(14);
        p1.add(jtxtuser);
        JPanel p2 = new JPanel();
        p2.add(new JLabel("密码: "));
        final JPasswordField jspwd = new JPasswordField(14);
        p2.add(jspwd);
        JPanel p3 = new JPanel();
        JButton jbtok = new JButton("确定");//生成一个按钮组件
        JButton jbtexit = new JButton("退出");
        p3.add(jbtok);
        p3.add(jbtexit);
        jbtok.addActionListener(new ActionListener(){//添加动作侦听器,当按钮被
                                                     按下时执行这里的代码
             public void actionPerformed(ActionEvent e){
                 LoginDB ldb = new LoginDB();
                 int TestRes = ldb.Test(jtxtuser.getText(),new String (jspwd.getPassword())));
                 if(TestRes == 1){
                     StuMIS smis = new StuMIS();
                     jfrmlogin.dispose();
                 }
                 else{
                     JOptionPane.showMessageDialog(null,"用户名或密码不一致，请重新输入! ","系统提示",JOptionPane.ERROR_MESSAGE);
```

```
                    }
                }
            });
            jbtexit.addActionListener(new ActionListener(){
                                     //添加动作侦听器,当按钮被按下时执行这里的代码
                public void actionPerformed(ActionEvent e){
                    System.exit(0);
                }
            });
            jfrmlogin.getContentPane().setLayout(new GridLayout(3,1));
            jfrmlogin.getContentPane().add(p1);
            jfrmlogin.getContentPane().add(p2);
            jfrmlogin.getContentPane().add(p3);    //把按钮组件加到框架窗口中
            jfrmlogin.setVisible(true);  //框架窗体在屏幕上显示出来
        }
    }
```

**3. 高校学生成绩管理系统主界面模块**

StuMIS.java 类主要实现的是高校学生成绩管理系统主界面的功能,即系统成功登录以后就进入这个界面,如图 8.14 所示。

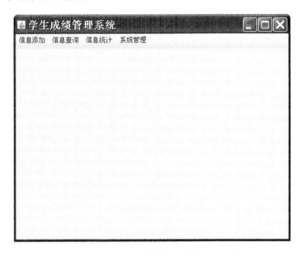

图 8.14 学生成绩管理系统主界面

具体代码如下：

```
import java.awt.Dimension;
import java.awt.Font;
import java.awt.Toolkit;
import java.awt.event.*;
import javax.swing.*;
```

```java
//高校学生成绩管理系统主类
public class StuMIS {
    public StuMIS() {
        JFrame jfrm = new JFrame("学生成绩管理系统");//建立一个带有标题的框架
        jfrm.setSize(500,400); //设置框架窗体的大小
        //设置运行位置
        Dimension screenSize = Toolkit.getDefaultToolkit().getScreenSize();
        jfrm.setLocation( (int) (screenSize.width - 400) / 2 ,
                          (int) (screenSize.height - 300) / 2 );
        //建立一个新的菜单栏
        JMenuBar jmenubar1 = new JMenuBar();
        //把新建的菜单栏menubar1添加到框架中
        jfrm.setJMenuBar(jmenubar1);
        //建立"信息添加"、"信息查询"、"信息统计"、"系统管理"菜单组
        JMenu JMemuUpdate = new JMenu("信息添加");
        JMemuUpdate.setFont(new Font("Dialog",0,12));
        JMenu JMemuQuery = new JMenu("信息查询");
        JMemuQuery.setFont(new Font("Dialog",0,12));
        JMenu JMemuStat = new JMenu("信息统计");
        JMemuStat.setFont(new Font("Dialog",0,12));
        JMenu JMemuManager = new JMenu("系统管理");
        JMemuManager.setFont(new Font("Dialog",0,12));
        //将新建的菜单组添加到菜单栏中
        jmenubar1.add(JMemuUpdate);
        jmenubar1.add(JMemuQuery);
        jmenubar1.add(JMemuStat);
        jmenubar1.add(JMemuManager);
        //建立"信息添加"菜单组中的菜单项
        final JMenuItem JMItemStuInfo = new JMenuItem("学生信息");
        JMItemStuInfo.setFont(new Font("Dialog",0,12));
        final JMenuItem JMItemTeaInfo = new JMenuItem("教师信息");
        JMItemTeaInfo.setFont(new Font("Dialog",0,12));
        final JMenuItem JMItemSubInfo = new JMenuItem("课程信息");
        JMItemSubInfo.setFont(new Font("Dialog",0,12));
        final JMenuItem JMItemgrade = new JMenuItem("考试成绩");
        JMItemgrade.setFont(new Font("Dialog",0,12));
        //添加"信息添加"菜单组
        JMemuUpdate.add(JMItemStuInfo);
        JMemuUpdate.add(JMItemTeaInfo);
```

```java
JMemuUpdate.add(JMItemSubInfo);
JMemuUpdate.add(JMItemgrade);
//建立"信息查询"菜单组中的菜单项
final JMenuItem JMItemBaseInfo = new JMenuItem("基本信息");
JMItemBaseInfo.setFont(new Font("Dialog",0,12));
final JMenuItem JMItemGradeInfo = new JMenuItem("成绩明细");
JMItemGradeInfo.setFont(new Font("Dialog",0,12));
final JMenuItem JMItemScoreInfo = new JMenuItem("学分明细");
JMItemScoreInfo.setFont(new Font("Dialog",0,12));
//添加"信息查询"菜单组
JMemuQuery.add(JMItemBaseInfo);
JMemuQuery.add(JMItemGradeInfo);
JMemuQuery.add(JMItemScoreInfo);
//建立"信息统计"菜单组中的菜单项
final JMenuItem JMItemGradestat = new JMenuItem("成绩统计");
JMItemGradestat.setFont(new Font("Dialog",0,12));
final JMenuItem JMItemScorestat = new JMenuItem("学分统计");
JMItemScorestat.setFont(new Font("Dialog",0,12));
//添加"信息统计"菜单组
JMemuStat.add(JMItemGradestat);
JMemuStat.add(JMItemScorestat);
//建立"系统管理"菜单组中的菜单项
final JMenuItem JMItemMger = new JMenuItem("系统配置");
JMItemMger.setFont(new Font("Dialog",0,12));
final JMenuItem JMItemExit = new JMenuItem("退出系统");
JMItemExit.setFont(new Font("Dialog",0,12));
//添加"系统管理"菜单组
JMemuManager.add(JMItemMger);
JMemuManager.add(JMItemExit);
//事件处理
ActionListener a = new ActionListener() {
    public void actionPerformed(ActionEvent e) {
        if(e.getSource()== JMItemStuInfo){ //添加学生信息
            UpdateStuInfo usi = new UpdateStuInfo();
        }
        if(e.getSource()== JMItemTeaInfo){//添加教师信息
            UpdateTeaInfo uti = new UpdateTeaInfo();
        }
        if(e.getSource()== JMItemSubInfo){//添加课程信息
```

```java
            UpdateSubInfo usi = new UpdateSubInfo();
        }
        if(e.getSource()== JMItemgrade){//添加考试成绩
            UpdateExaInfo uei = new UpdateExaInfo();
        }
        if(e.getSource()== JMItemBaseInfo){//查询基本信息
            QueryStuInfo qsi = new QueryStuInfo();
        }
        if(e.getSource()== JMItemGradeInfo){//查询成绩明细
            QueryGraInfo qgi = new QueryGraInfo();
        }
        if(e.getSource()== JMItemScoreInfo){//查询学生明细
            QueryScoInfo qsi = new QueryScoInfo();
        }
        if(e.getSource()== JMItemGradestat){//成绩统计
            StatGraInfo sgi = new StatGraInfo();
        }
        if(e.getSource()== JMItemScorestat){//学分统计
            StatScoInfo ssi = new StatScoInfo();
        }
        if(e.getSource()== JMItemMger){//系统配置
            MgerConfInfo mci = new MgerConfInfo();
        }
        if(e.getSource()== JMItemExit){//退出系统
            System.exit(0);
        }
    }
};
//添加事件侦听
JMItemStuInfo.addActionListener(a);
JMItemTeaInfo.addActionListener(a);
JMItemSubInfo.addActionListener(a);
JMItemgrade.addActionListener(a);

JMItemBaseInfo.addActionListener(a);
JMItemGradeInfo.addActionListener(a);
JMItemScoreInfo.addActionListener(a);

JMItemGradestat.addActionListener(a);
JMItemScorestat.addActionListener(a);
```

```
            JMItemMger.addActionListener(a);
            JMItemExit.addActionListener(a);
            jfrm.setVisible(true); //框架窗体在屏幕上显示出来
    }
}
```

**4. 信息添加模块**

信息添加模块包括学生信息添加、教师信息添加、课程信息添加和考试成绩添加 4 个部分，每个部分完成相应的功能，如图 8.15 所示。

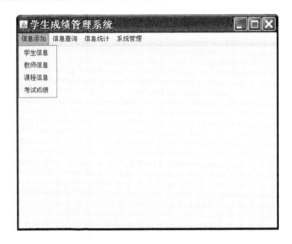

图 8.15　信息添加模块运行界面

（1）UpdateStuInfo.java

该类主要实现的是添加学生信息界面的功能，用户可以根据如图 8.16 所示界面提示输入相应数据，然后单击"确定"按钮，保存输入信息。

图 8.16　"添加学生信息"界面

具体代码如下：

```java
import java.awt.Dimension;
import java.awt.Font;
import java.awt.GridLayout;
import java.awt.Toolkit;
import java.awt.event.*;
import javax.swing.*;
```

```java
//添加学生信息子类
public class UpdateStuInfo {
    public UpdateStuInfo() {
        final JFrame jfrmUpdateStu = new JFrame("添加学生信息");//建立一个带有标
                                                                     题的框架
        jfrmUpdateStu.setSize(500,220); //设置框架窗体的大小
        //设置运行位置
        Dimension screenSize = Toolkit.getDefaultToolkit().getScreenSize();
        jfrmUpdateStu.setLocation( (int) (screenSize.width - 400) / 2 ,
                        (int) (screenSize.height - 300) / 2 +45);
        JPanel Panel1 = new JPanel();
        JLabel jLblid = new JLabel("学号: ");// 学生学号
        jLblid.setFont(new Font("Dialog",0,12));
        final JTextField jtxtid = new JTextField(14);
        JLabel jLblname = new JLabel("姓名: ");//学生姓名
        jLblname.setFont(new Font("Dialog",0,12));
        final JTextField jtxtname = new JTextField(14);
        Panel1.add(jLblid);
        Panel1.add(jtxtid);
        Panel1.add(jLblname);
        Panel1.add(jtxtname);
        JPanel Panel2 = new JPanel();
        JLabel jLblsex = new JLabel("性别: ");//学生性别
        jLblsex.setFont(new Font("Dialog",0,12));
        final JTextField jtxtsex = new JTextField(14);
        JLabel jLblage = new JLabel("年龄: ");//学生年龄
        jLblage.setFont(new Font("Dialog",0,12));
        final JTextField jtxtage = new JTextField(14);
        Panel2.add(jLblsex);
        Panel2.add(jtxtsex);
        Panel2.add(jLblage);
        Panel2.add(jtxtage);
        JPanel Panel3 = new JPanel();
        JLabel jLblyear = new JLabel("入学时间: ");//入学年月
        jLblyear.setFont(new Font("Dialog",0,12));
        final JTextField jtxtyear = new JTextField(12);
        JPanel Panel6 = new JPanel();
        JLabel jLblmajor = new JLabel("专业: ");//所有专业
        jLblmajor.setFont(new Font("Dialog",0,12));
```

```java
            final JTextField jtxtmajor = new JTextField(14);
            Panel3.add(jLblyear);
            Panel3.add(jtxtyear);
            Panel3.add(jLblmajor);
            Panel3.add(jtxtmajor);
            JPanel Panel4 = new JPanel();
            JLabel jLblphone = new JLabel("电话: ");//联系电话
            jLblphone.setFont(new Font("Dialog",0,12));
            final JTextField jtxtphone = new JTextField(14);
            JLabel jLbladdr = new JLabel("籍贯: ");//学生家庭住址
            jLbladdr.setFont(new Font("Dialog",0,12));
            final JTextField jtxtaddr = new JTextField(14);
            Panel4.add(jLblphone);
            Panel4.add(jtxtphone);
            Panel4.add(jLbladdr);
            Panel4.add(jtxtaddr);
            JPanel Panel5 = new JPanel();
            JButton jbtok = new JButton("确定");
            jbtok.setFont(new Font("Dialog",0,12));
            JButton jbtexit = new JButton("退出");
            jbtexit.setFont(new Font("Dialog",0,12));
            Panel5.add(jbtok);
            Panel5.add(jbtexit);
            jbtok.addActionListener(new ActionListener(){//添加动作侦听器,当按钮被
                                                        按下时执行这里的代码
                public void actionPerformed(ActionEvent e){
                    //学生信息同数据库连接的类
                    StuInfoDB stuinfo = new StuInfoDB();
                    //调用StuInfoDB的stuUpdate方法,更新学生信息
                    stuinfo.stuUpdate(jtxtid.getText(), jtxtname.getText(),
jtxtsex.getText(), jtxtage.getText(), jtxtyear.getText(), jtxtmajor.getText(),
jtxtphone.getText(), jtxtaddr.getText()); jfrmUpdateStu. dispose();
                }
            });
            jbtexit.addActionListener(new ActionListener(){//添加动作侦听器,当按钮
                                                           被按下时执行这里的代码
                public void actionPerformed(ActionEvent e){
                    jfrmUpdateStu.dispose();
```

            }
        });
        jfrmUpdateStu.getContentPane().setLayout(new GridLayout(5,1));
        jfrmUpdateStu.getContentPane().add(Panel1);
        jfrmUpdateStu.getContentPane().add(Panel2);
        jfrmUpdateStu.getContentPane().add(Panel3);
        jfrmUpdateStu.getContentPane().add(Panel4);
        jfrmUpdateStu.getContentPane().add(Panel5);
        jfrmUpdateStu.setVisible(true);
    }
}

（2）UpdateTeaInfo.java

该类主要实现的是添加教师信息界面的功能，用户可以根据如图 8.17 所示界面提示输入相应数据，然后单击"确定"按钮，保存输入信息。

图 8.17 "添加教师信息"界面

具体代码如下：

```java
import java.awt.Dimension;
import java.awt.Font;
import java.awt.GridLayout;
import java.awt.Toolkit;
import java.awt.event.*;
import javax.swing.*;
//添加教师信息子类
public class UpdateTeaInfo {
    public UpdateTeaInfo() {
        final JFrame jfrmUpdateTea = new JFrame("添加教师信息");//建立一个带有标题
                                                                  的框架
        jfrmUpdateTea.setSize(500,200); //设置框架窗体的大小
        Dimension screenSize = Toolkit.getDefaultToolkit().getScreenSize();
        jfrmUpdateTea.setLocation( (int) (screenSize.width - 400) / 2 ,
                       (int) (screenSize.height - 300) / 2 +45);
```

```java
JPanel Panel1 = new JPanel();
JLabel jLblid = new JLabel("教师编号:");// 教师编号
jLblid.setFont(new Font("Dialog",0,12));
final JTextField jtxtid = new JTextField(14);
JLabel jLblname = new JLabel("教师姓名:");//教师姓名
jLblname.setFont(new Font("Dialog",0,12));
final JTextField jtxtname = new JTextField(14);
Panel1.add(jLblid);
Panel1.add(jtxtid);
Panel1.add(jLblname);
Panel1.add(jtxtname);
JPanel Panel2 = new JPanel();
JLabel jLblsex = new JLabel("教师性别:");//教师性别
jLblsex.setFont(new Font("Dialog",0,12));
final JTextField jtxtsex = new JTextField(14);
JLabel jLbllevel = new JLabel("教师等级:");//教师等级
jLbllevel.setFont(new Font("Dialog",0,12));
final JTextField jtxtlevel = new JTextField(14);
Panel2.add(jLblsex);
Panel2.add(jtxtsex);
Panel2.add(jLbllevel);
Panel2.add(jtxtlevel);
JPanel Panel3 = new JPanel();
JLabel jLbldepart = new JLabel("所在部门:");//所在部门
jLbldepart.setFont(new Font("Dialog",0,12));
final JTextField jtxtdepart = new JTextField(14);
JPanel Panel6 = new JPanel();
JLabel jLblphone = new JLabel("教师电话:");//教师电话
jLblphone.setFont(new Font("Dialog",0,12));
final JTextField jtxtphone = new JTextField(14);
Panel3.add(jLbldepart);
Panel3.add(jtxtdepart);
Panel3.add(jLblphone);
Panel3.add(jtxtphone);
JPanel Panel4 = new JPanel();
JButton jbtok = new JButton("确定");
jbtok.setFont(new Font("Dialog",0,12));
JButton jbtexit = new JButton("退出");
jbtexit.setFont(new Font("Dialog",0,12));
```

```
        Panel4.add(jbtok);
        Panel4.add(jbtexit);
        jbtok.addActionListener(new ActionListener(){//添加动作侦听器,当按钮被
                                                按下时执行这里的代码
            public void actionPerformed(ActionEvent e){
                //教师信息同数据库连接的类
                TeaInfoDB teainfo = new TeaInfoDB();
                //调用TeaInfoDB中的teaUpdate方法,更新教师信息
                teainfo.teaUpdate(jtxtid.getText(), jtxtname.getText(),
jtxtsex.getText(), jtxtlevel.getText(), jtxtdepart.getText(), jtxtphone.
getText());
                jfrmUpdateTea.dispose();
            }
        });
        jbtexit.addActionListener(new ActionListener(){//添加动作侦听器,当按钮被
                                                按下时执行这里的代码
            public void actionPerformed(ActionEvent e){
                jfrmUpdateTea.dispose();
            }
        });
        jfrmUpdateTea.getContentPane().setLayout(new GridLayout(4,1));
        jfrmUpdateTea.getContentPane().add(Panel1);
        jfrmUpdateTea.getContentPane().add(Panel2);
        jfrmUpdateTea.getContentPane().add(Panel3);
        jfrmUpdateTea.getContentPane().add(Panel4);
        jfrmUpdateTea.setVisible(true);
    }
}
```

（3）UpdateSubInfo.java

该类主要实现的是"添加课程信息"界面的功能,界面如图8.18所示。

图8.18 "添加课程信息"界面

具体代码如下：

```
import java.awt.Dimension;
import java.awt.Font;
```

```java
import java.awt.GridLayout;
import java.awt.Toolkit;
import java.awt.event.*;
import javax.swing.*;
//添加课程信息子类
public class UpdateSubInfo {
    public UpdateSubInfo() {
        final JFrame jfrmUpdateSub = new JFrame("添加课程信息");//建立一个带有标
                                                                 题的框架
        jfrmUpdateSub.setSize(500,160); //设置框架窗体的大小
        Dimension screenSize = Toolkit.getDefaultToolkit().getScreenSize();
        jfrmUpdateSub.setLocation( (int) (screenSize.width - 400) / 2 ,
                        (int) (screenSize.height - 300) / 2 +45);
    JPanel Panel1 = new JPanel();
        JLabel jLblid = new JLabel("课程编号:");// 课程编号
        jLblid.setFont(new Font("Dialog",0,12));
        final JTextField jtxtid = new JTextField(14);
        JLabel jLblname = new JLabel("课程名称:");//课程名称
        jLblname.setFont(new Font("Dialog",0,12));
        final JTextField jtxtname = new JTextField(14);
        Panel1.add(jLblid);
        Panel1.add(jtxtid);
        Panel1.add(jLblname);
        Panel1.add(jtxtname);
        JPanel Panel2 = new JPanel();
        JLabel jLbltype = new JLabel("课程类型:");//课程类型,分为必修、选修
        jLbltype.setFont(new Font("Dialog",0,12));
        String [] subtype ={"必修","选修"};
        final JComboBox jcmbtype = new JComboBox(subtype);
        jcmbtype.setPreferredSize(new Dimension(156,20));
        JLabel jLblscore = new JLabel("课程学分:");//课程学分
        jLblscore.setFont(new Font("Dialog",0,12));
        final JTextField jtxtscore = new JTextField(14);
        Panel2.add(jLbltype);
        Panel2.add(jcmbtype);
        Panel2.add(jLblscore);
        Panel2.add(jtxtscore);
        JPanel Panel3 = new JPanel();
        JButton jbtok = new JButton("确定");
```

```
            jbtok.setFont(new Font("Dialog",0,12));
            JButton jbtexit = new JButton("退出");
            jbtexit.setFont(new Font("Dialog",0,12));
            Panel3.add(jbtok);
            Panel3.add(jbtexit);
            jbtok.addActionListener(new ActionListener(){//添加动作侦听器,当按钮被
                                                        按下时执行这里的代码
                public void actionPerformed(ActionEvent e){
                    //课程信息同数据库连接的类
                    SubInfoDB subinfo = new SubInfoDB();
                    //调用SubInfoDB中的subUpdate方法，添加课程信息
                    subinfo.subUpdate(jtxtid.getText(),jtxtname.getText(),(String)
jcmbtype.getSelectedItem(), jtxtscore.getText());
                    jfrmUpdateSub.dispose();
                }
            });
            jbtexit.addActionListener(new ActionListener(){//添加动作侦听器,当按钮
                                                           被按下时执行这里的代码
                public void actionPerformed(ActionEvent e){
                    jfrmUpdateSub.dispose();
                }
            });
            jfrmUpdateSub.getContentPane().setLayout(new GridLayout(3,1));
            jfrmUpdateSub.getContentPane().add(Panel1);
            jfrmUpdateSub.getContentPane().add(Panel2);
            jfrmUpdateSub.getContentPane().add(Panel3);
            jfrmUpdateSub.setVisible(true);
    }
}
```

（4）UpdateExaInfo.java

该类主要实现的是"添加考试成绩信息"界面的功能，界面如图8.19所示。

图 8.19 "添加考试成绩信息"界面

具体代码如下：
```java
import java.awt.Dimension;
import java.awt.Font;
import java.awt.GridLayout;
import java.awt.Toolkit;
import java.awt.event.*;
import javax.swing.*;
//添加考试成绩信息子类
public class UpdateExaInfo {
    String[] s = null;
    public UpdateExaInfo() {
        final JFrame jfrmUpdateExa = new JFrame("添加考试成绩信息");//建立一个带有标
                                                                    题的框架
        jfrmUpdateExa.setSize(500,200); //设置框架窗体的大小
        //设置运行位置
        Dimension screenSize = Toolkit.getDefaultToolkit().getScreenSize();
        jfrmUpdateExa.setLocation( (int) (screenSize.width - 400) / 2 ,
                        (int) (screenSize.height - 300) / 2 +45);
        JPanel Panel1 = new JPanel();
        JLabel jLblstuid = new JLabel("学号:");// 学生学号
        jLblstuid.setFont(new Font("Dialog",0,12));
        StuInfoDB sid = new StuInfoDB();
        final JComboBox jcmbstuid = new JComboBox(sid.stuID());//
        jcmbstuid.setPreferredSize(new Dimension(156,20));
        JLabel jLblsubid = new JLabel("课程编号:");//课程编号
        jLblsubid.setFont(new Font("Dialog",0,12));
        SubInfoDB sbid = new SubInfoDB();
        final JComboBox jcmbsubid = new JComboBox(sbid.subID());//
        jcmbsubid.setPreferredSize(new Dimension(156,20));
        Panel1.add(jLblstuid);
        Panel1.add(jcmbstuid);
        Panel1.add(jLblsubid);
        Panel1.add(jcmbsubid);
        JPanel Panel2 = new JPanel();
        JLabel jLblteaid = new JLabel("教师编号:");//教师编号
        jLblteaid.setFont(new Font("Dialog",0,12));
        TeaInfoDB tid = new TeaInfoDB();
        final JComboBox jcmbteaid = new JComboBox(tid.teaID());//
```

```java
        jcmbteaid.setPreferredSize(new Dimension(156,20));
        JLabel jLblgrade = new JLabel("考试成绩:");//考试成绩
        jLblgrade.setFont(new Font("Dialog",0,12));
        final JTextField jtxtgrade = new JTextField(14);
        Panel2.add(jLblteaid);
        Panel2.add(jcmbteaid);
        Panel2.add(jLblgrade);
        Panel2.add(jtxtgrade);
        JPanel Panel3 = new JPanel();
        JLabel jLblexakind = new JLabel("考试类型:");//考试类别,包括期中、期末、
                                                     补考
        jLblexakind.setFont(new Font("Dialog",0,12));
        String [] exakind ={"期中","期末","补考"};
        final JComboBox jcmbexakind = new JComboBox(exakind);
        jcmbexakind.setPreferredSize(new Dimension(156,20));
        Panel3.add(jLblexakind);
        Panel3.add(jcmbexakind);
        JPanel Panel4 = new JPanel();
        JButton jbtok = new JButton("确定");
        jbtok.setFont(new Font("Dialog",0,12));
        JButton jbtexit = new JButton("退出");
        jbtexit.setFont(new Font("Dialog",0,12));
        Panel4.add(jbtok);
        Panel4.add(jbtexit);
        jbtok.addActionListener(new ActionListener(){//添加动作侦听器,当按钮被
                                                      按下时执行这里的代码
            public void actionPerformed(ActionEvent e){
                //学生考试成绩信息同数据库连接的类
                ExaInfoDB exainfo = new ExaInfoDB();
                //调用exainfo中的exaUpdate方法,添加考试成绩信息
                exainfo.exaUpdate((String)jcmbstuid.getSelectedItem(),(String)
jcmbsubid.getSelectedItem(), (String)jcmbteaid.getSelectedItem(), jtxtgrade.
getText(), (String)jcmbexakind.getSelectedItem());
                jfrmUpdateExa.dispose();
            }
        });
        jbtexit.addActionListener(new ActionListener(){//添加动作侦听器,当按钮
                                                        被按下时执行这里的代码
```

```
            public void actionPerformed(ActionEvent e){
                jfrmUpdateExa.dispose();
            }
        });
        jfrmUpdateExa.getContentPane().setLayout(new GridLayout(4,1));
        jfrmUpdateExa.getContentPane().add(Panel1);
        jfrmUpdateExa.getContentPane().add(Panel2);
        jfrmUpdateExa.getContentPane().add(Panel3);
        jfrmUpdateExa.getContentPane().add(Panel4);
        jfrmUpdateExa.setVisible(true);
    }
}
```

**5．信息查询模块**

信息查询模块包括基本信息查询、成绩明细查询、学分明细查询 3 个部分，主要能够实现对学生基本信息、学生成绩、学生所修学分等信息的大体查询功能，如图 8.20 所示。

（1）QueryStuInfo.java

该类主要实现的是"查询学生基本信息"界面（如图 8.21 所示）的功能，用户可以通过学生学号、学生性别、学生专业和学生入学时间等条件来查询学生的相关信息。

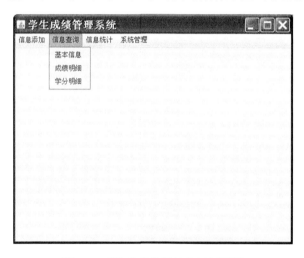

图 8.20 "信息查询模块"运行界面

图 8.21 "查询学生基本信息"界面

具体代码如下：

```java
import java.awt.BorderLayout;
import java.awt.Dimension;
import java.awt.Font;
import java.awt.GridLayout;
import java.awt.Toolkit;
import java.awt.event.*;
import javax.swing.*;
//查询学生基本信息子类
public class QueryStuInfo {
    public QueryStuInfo() {
        final JFrame jfrmQueryStu = new JFrame("查询学生基本信息");//建立一个带有标
                                                                      题的框架
        jfrmQueryStu.setSize(500,200); //设置框架窗体的大小
        Dimension screenSize = Toolkit.getDefaultToolkit().getScreenSize();
        jfrmQueryStu.setLocation( (int) (screenSize.width - 400) / 2 ,
                        (int) (screenSize.height - 300) / 2 +45);
        JPanel Panel1 = new JPanel();
        JLabel jLblid = new JLabel("请输入学号范围");// 按学生学号查询
        jLblid.setFont(new Font("Dialog",0,12));
        JLabel jLblidbegin = new JLabel("从:");
        jLblidbegin.setFont(new Font("Dialog",0,12));
        final JTextField jtxtbegin = new JTextField(10);
        JLabel jLblidend = new JLabel("至:");
        jLblidbegin.setFont(new Font("Dialog",0,12));
        final JTextField jtxtend = new JTextField(10);
        final JButton jbtidQuy = new JButton("查询");
        Panel1.add(jLblid);
        Panel1.add(jLblidbegin);
        Panel1.add(jtxtbegin);
        Panel1.add(jLblidend);
        Panel1.add(jtxtend);
        Panel1.add(jbtidQuy);
        JPanel Panel2 = new JPanel();
        JLabel jLblsex = new JLabel("请输入学生性别: ");//按学生性别查询
        jLblsex.setFont(new Font("Dialog",0,12));
        String [] stusex = {"男","女"};
        final JComboBox jcmbsex = new JComboBox(stusex);
        jcmbsex.setPreferredSize(new Dimension(156,20));
```

```java
        final JButton jbtsexQuy = new JButton("查询");
        Panel2.add(jLblsex);
        Panel2.add(jcmbsex);
        Panel2.add(jbtsexQuy);
        JPanel Panel3 = new JPanel();
        JLabel jLbmajor = new JLabel("请输入学生专业: ");//按学生专业查询
        jLbmajor.setFont(new Font("Dialog",0,12));
        StuInfoDB sid = new StuInfoDB();
        final JComboBox jcmbmajor = new JComboBox(sid.stuMajor());
        jcmbmajor.setPreferredSize(new Dimension(156,20));
        final JButton jbtmajor = new JButton("查询");
        Panel3.add(jLbmajor);
        Panel3.add(jcmbmajor);
        Panel3.add(jbtmajor);
        JPanel Panel4 = new JPanel();
        JLabel jLbyear = new JLabel("请输入入学时间范围");// 按学生入学时间查询
        jLbyear.setFont(new Font("Dialog",0,12));
        JLabel jLblyearbegin = new JLabel("从:");
        jLblyearbegin.setFont(new Font("Dialog",0,12));
        final JTextField jtxtyearbgin = new JTextField(10);
        JLabel jLblyearend = new JLabel("至:");
        jLblyearend.setFont(new Font("Dialog",0,12));
        final JTextField jtxtyearend = new JTextField(10);
        final JButton jbyearQuy = new JButton("查询");
        Panel4.add(jLbyear);
        Panel4.add(jLblyearbegin);
        Panel4.add(jtxtyearbgin);
        Panel4.add(jLblyearend);
        Panel4.add(jtxtyearend);
        Panel4.add(jbyearQuy);
        ActionListener a = new ActionListener() {
            public void actionPerformed(ActionEvent e) {
                if(e.getSource()== jbtidQuy){ //单击按学号查询按钮
                    QueryStuTab qst = new QueryStuTab();
                    qst.stuidQuery(jtxtbegin.getText(),jtxtend.getText());
                }
                if(e.getSource()== jbtsexQuy){//单击按学生性别查询按钮
                    QueryStuTab qst = new QueryStuTab();
                    qst.stusexQuery((String)jcmbsex.getSelectedItem());
```

```
                }
                 if(e.getSource()== jbtmajor){//单击按学生专业查询按钮
                      QueryStuTab qst = new QueryStuTab();
                      qst.stumjrQuery((String)jcmbmajor.getSelectedItem());
                 }
                 if(e.getSource()== jbyearQuy){//单击按学生入学时间查询按钮
                      QueryStuTab qst = new QueryStuTab();
                      qst.stuyrQuery(jtxtyearbgin.getText(),jtxtyearend.
getText());
                }
            }
        };
        //添加事件侦听
        jbtidQuy.addActionListener(a);  //按学号查询
        jbtsexQuy.addActionListener(a);  //按学生性别查询
        jbtmajor.addActionListener(a);  //按学生专业查询
        jbyearQuy.addActionListener(a);  //按学生入学时间查询

        jfrmQueryStu.getContentPane().setLayout(new GridLayout(4,1));
        jfrmQueryStu.getContentPane().add(Panel1);
        jfrmQueryStu.getContentPane().add(Panel2);
        jfrmQueryStu.getContentPane().add(Panel3);
        jfrmQueryStu.getContentPane().add(Panel4);
        jfrmQueryStu.setVisible(true);
    }
}
```

（2）QueryStuTab.java

该类主要实现的是用户通过学生学号、学生性别、学生专业和学生入学时间等条件查询出来的学生信息的结果展示功能，如图 8.22 所示。

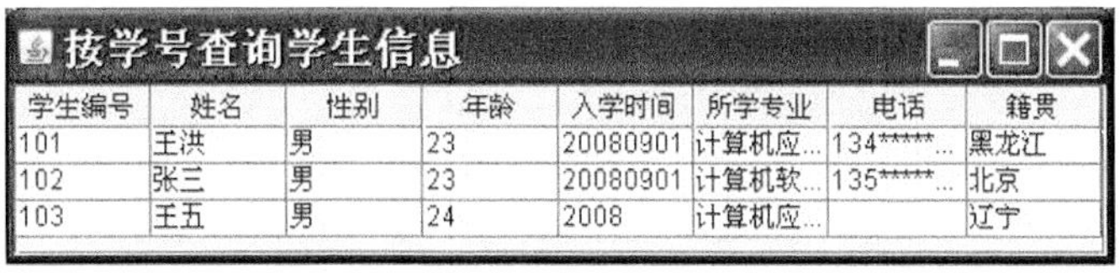


| 学生编号 | 姓名 | 性别 | 年龄 | 入学时间 | 所学专业 | 电话 | 籍贯 |
|---|---|---|---|---|---|---|---|
| 101 | 王洪 | 男 | 23 | 20080901 | 计算机应... | 134*****... | 黑龙江 |
| 102 | 张三 | 男 | 23 | 20080901 | 计算机软... | 135*****... | 北京 |
| 103 | 王五 | 男 | 24 | 2008 | 计算机应... | | 辽宁 |

图 8.22 “按学号查询学生信息”的结果

具体代码如下：

```
import java.awt.BorderLayout;
import java.awt.Dimension;
import java.awt.Toolkit;
```

```java
import javax.swing.*;
public class QueryStuTab {
    String[] jstutabcol = {"学生编号","姓名","性别","年龄","入学时间","所学专业",
"电话","籍贯"};//定义一个字符串数组
    String[][] jstutabdata;
    public QueryStuTab() {
    }
    public void stuidQuery(String strbegin,String strend){
        JFrame jfrmQueryStu = new JFrame("按学号查询学生信息");//建立一个带有标题
                                                            的框架
        jfrmQueryStu.setSize(500,400); //设置框架窗体的大小
        //设置运行位置
        Dimension screenSize = Toolkit.getDefaultToolkit().getScreenSize();
        jfrmQueryStu.setLocation( (int) (screenSize.width - 400) / 2 ,
                      (int) (screenSize.height - 300) / 2 +45);
        StuInfoDB sid = new StuInfoDB();
        jstutabdata = sid.stuidQuery(strbegin, strend);
        JTable jtab1 = new JTable(jstutabdata,jstutabcol); //生成一个带有数据内
                                                            容的表格
        JScrollPane jsp = new JScrollPane(jtab1); //生成一个面板容器,把JTable
                                                   添加到面板中
        jfrmQueryStu.getContentPane( ).add(jsp, BorderLayout.CENTER);
        jfrmQueryStu.setVisible(true);
    }
    public void stusexQuery(String strsex){
        JFrame jfrmQueryStu = new JFrame("按性别查询学生信息");//建立一个带有标题
                                                            的框架
        jfrmQueryStu.setSize(500,400); //设置框架窗体的大小
        //设置运行位置
        Dimension screenSize = Toolkit.getDefaultToolkit().getScreenSize();
        jfrmQueryStu.setLocation( (int) (screenSize.width - 400) / 2 ,
                      (int) (screenSize.height - 300) / 2 +45);
        StuInfoDB sid = new StuInfoDB();
        jstutabdata = sid.stusexQuery(strsex);
        JTable jtab1 = new JTable(jstutabdata,jstutabcol); //生成一个带有数据内
                                                            容的表格
        JScrollPane jsp = new JScrollPane(jtab1); //生成一个面板容器,把JTable
                                                   添加到面板中
```

```java
        jfrmQueryStu.getContentPane( ).add(jsp, BorderLayout.CENTER);
        jfrmQueryStu.setVisible(true);
    }
    public void stumjrQuery(String strmjr){
        JFrame jfrmQueryStu = new JFrame("按专业查询学生信息");//建立一个带有标题
                                                                的框架
        jfrmQueryStu.setSize(500,400); //设置框架窗体的大小
        //设置运行位置
        Dimension screenSize = Toolkit.getDefaultToolkit().getScreenSize();
        jfrmQueryStu.setLocation( (int) (screenSize.width - 400) / 2 ,
                        (int) (screenSize.height - 300) / 2 +45);
        StuInfoDB sid = new StuInfoDB();
        jstutabdata = sid.stumjrQuery(strmjr);
        JTable jtab1 = new JTable(jstutabdata,jstutabcol); //生成一个带有数据内
                                                            容的表格
        JScrollPane jsp = new JScrollPane(jtab1); //生成一个面板容器,把JTable添
                                                    加到面板中
        jfrmQueryStu.getContentPane( ).add(jsp, BorderLayout.CENTER);
        jfrmQueryStu.setVisible(true);
    }
    public void stuyrQuery(String stryrbegin,String stryrend){
        JFrame jfrmQueryStu = new JFrame("按入学时间查询学生信息");//建立一个带有标
                                                                    题的框架
        jfrmQueryStu.setSize(500,400); //设置框架窗体的大小
        //设置运行位置
        Dimension screenSize = Toolkit.getDefaultToolkit().getScreenSize();
        jfrmQueryStu.setLocation( (int) (screenSize.width - 400) / 2 ,
                        (int) (screenSize.height - 300) / 2 +45);
        StuInfoDB sid = new StuInfoDB();
        jstutabdata = sid.stuyrQuery(stryrbegin, stryrend);
        JTable jtab1 = new JTable(jstutabdata,jstutabcol); //生成一个带有数据内
                                                            容的表格
        JScrollPane jsp = new JScrollPane(jtab1); //生成一个面板容器,把JTable添
                                                    加到面板中
        jfrmQueryStu.getContentPane().add(jsp, BorderLayout.CENTER);
        jfrmQueryStu.setVisible(true);
    }
}
```

（3）QueryGraInfo.java

该类主要实现的是"查询学生成绩信息"界面（如图 8.23 所示）的功能，用户可以根据学生学号、学生姓名、课程编号、课程名称等条件分别来查询相应的学生成绩信息。

图 8.23 "查询学生成绩信息"界面

具体代码如下：

```java
//查询学生成绩信息的类
import java.awt.*;
import java.awt.event.*;
import javax.swing.*;
public class QueryGraInfo {
    public QueryGraInfo() {
        final JFrame jfrmQueryGra = new JFrame("查询学生成绩信息");//建立一个带有标
                                                                    题的框架
        jfrmQueryGra.setSize(500,200); //设置框架窗体的大小
        //设置运行位置
        Dimension screenSize = Toolkit.getDefaultToolkit().getScreenSize();
        jfrmQueryGra.setLocation( (int) (screenSize.width - 400) / 2 ,
                        (int) (screenSize.height - 300) / 2 +45);
        JPanel Panel1 = new JPanel();
        JLabel jLblid = new JLabel("请输入学生学号: ");// 按学生学号查询
        jLblid.setFont(new Font("Dialog",0,12));
        StuInfoDB sid = new StuInfoDB();
        final JComboBox jcmbid = new JComboBox(sid.stuID());
        jcmbid.setPreferredSize(new Dimension(156,20));
        final JButton jbtidQuy = new JButton("查询");
        Panel1.add(jLblid);
        Panel1.add(jcmbid);
        Panel1.add(jbtidQuy);
        JPanel Panel2 = new JPanel();
        JLabel jLblname = new JLabel("请输入学生姓名: ");//按学生姓名查询
        jLblname.setFont(new Font("Dialog",0,12));
        final JTextField jtxtname = new JTextField(14);
```

```java
    final JButton jbtnameQuy = new JButton("查询");
Panel2.add(jLblname);
Panel2.add(jtxtname);
Panel2.add(jbtnameQuy);
JPanel Panel3 = new JPanel();
JLabel jLblsubid = new JLabel("请输入课程编号: ");//课程类型,分为必修、选修
jLblsubid.setFont(new Font("Dialog",0,12));
SubInfoDB sbid = new SubInfoDB();
final JComboBox jcmbsubid = new JComboBox(sbid.subID());
jcmbsubid.setPreferredSize(new Dimension(156,20));
final JButton jbtsubidQuy = new JButton("查询");
Panel3.add(jLblsubid);
Panel3.add(jcmbsubid);
Panel3.add(jbtsubidQuy);
JPanel Panel4 = new JPanel();
JLabel jLblsubname = new JLabel("请输入课程名称: ");//按考试科目查询成绩
jLblsubname.setFont(new Font("Dialog",0,12));
final JTextField jtxtsubname = new JTextField(14);
final JButton jbtsubnameQuy = new JButton("查询");
Panel4.add(jLblsubname);
Panel4.add(jtxtsubname);
Panel4.add(jbtsubnameQuy);
ActionListener a = new ActionListener() {
    public void actionPerformed(ActionEvent e) {
        if(e.getSource()== jbtidQuy){ //单击按学号查询成绩按钮
            QueryGraTab qgt = new QueryGraTab();
            //学生成绩表
            qgt.stuidQuery((String)jcmbid.getSelectedItem());
        }
        if(e.getSource()== jbtnameQuy){//单击按学生姓名查询成绩按钮
            QueryGraTab qgt = new QueryGraTab();
            StuInfoDB sid = new StuInfoDB();
            qgt.stuidQuery(sid.stuID(jtxtname.getText()));
        }
        if(e.getSource()== jbtsubidQuy){//单击按考试科目编号查询成绩按钮
            QueryGraTab qgt = new QueryGraTab();
            qgt.subidQuery((String)jcmbsubid.getSelectedItem());
        }
        if(e.getSource()== jbtsubnameQuy){//单击按考试科目查询成绩按钮
```

```
                QueryGraTab qgt = new QueryGraTab();
                SubInfoDB sib = new SubInfoDB();
                qgt.subidQuery(sib.subID(jtxtsubname.getText()));
            }
        }
    };
    //添加事件侦听
    jbtidQuy.addActionListener(a);       //按学号查询
    jbtnameQuy.addActionListener(a);     //按学生姓名查询
    jbtsubidQuy.addActionListener(a);    //按考试科目查询
    jbtsubnameQuy.addActionListener(a);  //按考试科目编号查询
    jfrmQueryGra.getContentPane().setLayout(new GridLayout(4,1));
    jfrmQueryGra.getContentPane().add(Panel1);
    jfrmQueryGra.getContentPane().add(Panel2);
    jfrmQueryGra.getContentPane().add(Panel3);
    jfrmQueryGra.getContentPane().add(Panel4);
    jfrmQueryGra.setVisible(true);
    }
}
```

（4）QueryGraTab.java

该类主要实现的用户根据学生学号、学生姓名、课程编号、课程名称等条件查询出来的学生成绩信息结果的展示功能，如图8.24所示。

图8.24 "按学号或姓名查询成绩信息"的结果

具体代码如下：

```
import java.awt.*;
import javax.swing.*;
public class QueryGraTab {
    String[] jgratabcol ={"学生学号","课程号","授课教师编号","考试成绩","考试类别"};
//定义一个字符串数组
    String[][] jgratabdata;
    public QueryGraTab() {
    }
    public void stuidQuery(String strid){
        JFrame jfrmQueryStu = new JFrame("按学号或姓名查询成绩信息");
```

```java
                                            //建立一个带有标题的框架
    jfrmQueryStu.setSize(500,400);  //设置框架窗体的大小
     //设置运行位置
    Dimension screenSize = Toolkit.getDefaultToolkit().getScreenSize();
    jfrmQueryStu.setLocation( (int) (screenSize.width - 400) / 2 ,
                     (int) (screenSize.height - 300) / 2 +45);
    ExaInfoDB eid = new ExaInfoDB();
    jgratabdata = eid.exaidQuery(strid);
    JTable jtab1 = new JTable(jgratabdata,jgratabcol); //生成一个带有数据内
                                                       容的表格
    JScrollPane jsp = new JScrollPane(jtab1); //生成一个面板容器,把JTable添
                                              加到面板中
    jfrmQueryStu.getContentPane( ).add(jsp, BorderLayout.CENTER);
    jfrmQueryStu.setVisible(true);
}
public void subidQuery(String strsubid){
    JFrame jfrmQueryStu = new JFrame("按课程号或课程名查询成绩信息");
                                            //建立一个带有标题的框架
    jfrmQueryStu.setSize(500,400);  //设置框架窗体的大小
     //设置运行位置
    Dimension screenSize = Toolkit.getDefaultToolkit().getScreenSize();
    jfrmQueryStu.setLocation( (int) (screenSize.width - 400) / 2 ,
                     (int) (screenSize.height - 300) / 2 +45);
    ExaInfoDB eid = new ExaInfoDB();
    jgratabdata = eid.exasubidQry(strsubid);
    JTable jtab1 = new JTable(jgratabdata,jgratabcol); //生成一个带有数据内
                                                       容的表格
    JScrollPane jsp = new JScrollPane(jtab1); //生成一个面板容器,把JTable添
                                              加到面板中
    jfrmQueryStu.getContentPane( ).add(jsp, BorderLayout.CENTER);
    jfrmQueryStu.setVisible(true);
}

}
```

(5) QueryScoInfo.java

该类主要实现的是"查询学生学分信息"界面的功能,用户可以根据学生学号和学生姓名分别来查询学生的学分情况,如图8.25所示。

图8.25 "查询学生学分信息"界面

具体代码如下:

```java
//查询学生学分信息的类
import java.awt.*;
import java.awt.event.*;
import javax.swing.*;
public class QueryScoInfo {
    public QueryScoInfo() {
        final JFrame jfrmQuerySco = new JFrame("查询学生学分信息");
        jfrmQuerySco.setSize(500,140);  //设置框架窗体的大小
        Dimension screenSize = Toolkit.getDefaultToolkit().getScreenSize();
        jfrmQuerySco.setLocation( (int) (screenSize.width - 400) / 2 ,
                        (int) (screenSize.height - 300) / 2 +45);
        JPanel Panel1 = new JPanel();
        JLabel jLblid = new JLabel("请输入学生学号: ");// 按学生学号查询
        jLblid.setFont(new Font("Dialog",0,12));
        StuInfoDB sid = new StuInfoDB();
        final JComboBox jcmbid = new JComboBox(sid.stuID());
        jcmbid.setPreferredSize(new Dimension(156,20));
        final JButton jbtidQuy = new JButton("查询");
        Panel1.add(jLblid);
        Panel1.add(jcmbid);
        Panel1.add(jbtidQuy);
        JPanel Panel2 = new JPanel();
        JLabel jLblname = new JLabel("请输入学生姓名: ");//按学生姓名查询
        jLblname.setFont(new Font("Dialog",0,12));
        final JTextField jtxtname = new JTextField(14);
        final JButton jbtnameQuy = new JButton("查询");
        Panel2.add(jLblname);
        Panel2.add(jtxtname);
        Panel2.add(jbtnameQuy);
        JPanel Panel3 = new JPanel();
        ActionListener a = new ActionListener() {
            public void actionPerformed(ActionEvent e) {
```

```java
            if(e.getSource()== jbtidQuy){ //单击按学号查询学分按钮
                QueryScoTab qst = new QueryScoTab();
                qst.scoidQuery((String)jcmbid.getSelectedItem());
            }
            if(e.getSource()== jbtnameQuy){//单击按学生姓名查询成绩按钮
                QueryScoTab qst = new QueryScoTab();
                StuInfoDB sid = new StuInfoDB();
                qst.scoidQuery(sid.stuID(jtxtname.getText()));
            }
        }
    };
    //添加事件侦听
    jbtidQuy.addActionListener(a);    //按学号查询
    jbtnameQuy.addActionListener(a);   //按学生姓名查询
    jfrmQuerySco.getContentPane().setLayout(new GridLayout(2,1));
    jfrmQuerySco.getContentPane().add(Panel1);
    jfrmQuerySco.getContentPane().add(Panel2);
    jfrmQuerySco.setVisible(true);
    }
}
```

（6）QueryScoTab.java

该类主要实现的用户根据学号或姓名等条件查询出来的学分信息结果的展示功能，如图 8.26 所示。

图 8.26 "按学号或姓名查询学分信息"结果

具体代码如下：

```java
import java.awt.BorderLayout;
import java.awt.Dimension;
import java.awt.Toolkit;
import javax.swing.*;
public class QueryScoTab {
    String[] jsubtabcol = {"学生学号","课程号","授课教师编号","考试成绩","获得学分"};
//定义一个字符串数组
    String[][] jsubtabdata;
    public QueryScoTab() {
    }
```

```
    public void scoidQuery(String strid){
        JFrame jfrmQueryStu = new JFrame("按学号或姓名查询学分信息");
                                                        //建立一个带有标题的框架
        jfrmQueryStu.setSize(500,400);  //设置框架窗体的大小
         //设置运行位置
        Dimension screenSize = Toolkit.getDefaultToolkit().getScreenSize();
        jfrmQueryStu.setLocation( (int) (screenSize.width - 400) / 2 ,
                        (int) (screenSize.height - 300) / 2 +45);
        ExaInfoDB eid = new ExaInfoDB();
        jsubtabdata = eid.exaidscoQry(strid);
        JTable jtab1 = new JTable(jsubtabdata,jsubtabcol); //生成一个带有数据内
                                                                    容的表格
        JScrollPane jsp = new JScrollPane(jtab1);  //生成一个面板容器,把JTable添
                                                            加到面板中
        jfrmQueryStu.getContentPane( ).add(jsp, BorderLayout.CENTER);
        jfrmQueryStu.setVisible(true);

    }
}
```

**6. 信息统计模块**

信息统计模块包括成绩统计和学分统计两个部分，主要能够实现对学生成绩以及学生所修学分的统计功能，如图 8.27 所示。

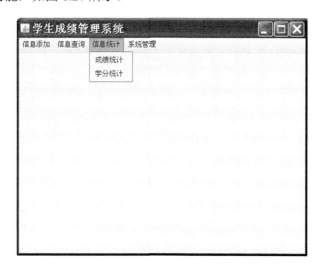

图 8.27　信息统计模块运行界面

（1）StatGraInfo.java

该类主要实现的是"统计学生成绩信息"界面（如图 8.28 所示）的功能，用户可以通过课程编号、成绩等级、考试类型等条件来查询学生成绩相关信息。

图 8.28 "统计学生成绩信息"界面

具体代码如下:

```java
import java.awt.Dimension;
import java.awt.Font;
import java.awt.GridLayout;
import java.awt.Toolkit;
import java.awt.event.*;
import javax.swing.*;
//统计学生成绩信息子类
public class StatGraInfo {
    public StatGraInfo() {
        final JFrame jfrmStatGra = new JFrame("统计学生成绩信息");//建立一个带有标
                                                                  题的框架
        jfrmStatGra.setSize(500,180); //设置框架窗体的大小
        //设置运行位置
        Dimension screenSize = Toolkit.getDefaultToolkit().getScreenSize();
        jfrmStatGra.setLocation( (int) (screenSize.width - 400) / 2 ,
                        (int) (screenSize.height - 300) / 2 +45);
        JPanel Panel1 = new JPanel();
        JLabel jLblsubid = new JLabel("课程编号: ");//课程编号
        jLblsubid.setFont(new Font("Dialog",0,12));
        SubInfoDB sid = new SubInfoDB();
        final JComboBox jcmbsubid = new JComboBox(sid.subID());
        jcmbsubid.setPreferredSize(new Dimension(156,20));
        Panel1.add(jLblsubid);
        Panel1.add(jcmbsubid);
        JPanel Panel2 = new JPanel();
        JLabel jLblGraLev = new JLabel("成绩等级: ");//按级别统计
        jLblGraLev.setFont(new Font("Dialog",0,12));
        String [] GradLev = {"优秀","良好","中","及格","不及格"};
        final JComboBox jcmbGradLev = new JComboBox(GradLev);//
        jcmbGradLev.setPreferredSize(new Dimension(156,20));
        Panel2.add(jLblGraLev);
        Panel2.add(jcmbGradLev);
```

```java
        JPanel Panel3 = new JPanel();
        JLabel jLblexakind = new JLabel("考试类型: ");//考试类别,包括期中、期末、
                                                      补考
        jLblexakind.setFont(new Font("Dialog",0,12));
        String [] exakind = {"期中","期末","补考"};
        final JComboBox jcmbexakind = new JComboBox(exakind);
        jcmbexakind.setPreferredSize(new Dimension(156,20));
        Panel3.add(jLblexakind);
        Panel3.add(jcmbexakind);
        JPanel Panel4 = new JPanel();
        final JButton jbtok = new JButton("确定");
        jbtok.setFont(new Font("Dialog",0,12));
        final JButton jbtexit = new JButton("退出");
        jbtexit.setFont(new Font("Dialog",0,12));
        Panel4.add(jbtok);
        Panel4.add(jbtexit);
        ActionListener a = new ActionListener() {
            public void actionPerformed(ActionEvent e) {
                if(e.getSource()== jbtok){ //
                    StatGraTab sgt = new StatGraTab();
                    sgt.stugraStat((String)jcmbsubid.getSelectedItem(),(String)jcmbGradLev.getSelectedItem(),(String) jcmbexakind. getSelectedItem());

                }
                 if(e.getSource()== jbtexit){//
                    jfrmStatGra.dispose();
                }
            }
        };
        //添加事件侦听
        jbtok.addActionListener(a);
        jbtexit.addActionListener(a);
        jfrmStatGra.getContentPane().setLayout(new GridLayout(4,1));
        jfrmStatGra.getContentPane().add(Panel1);
        jfrmStatGra.getContentPane().add(Panel2);
        jfrmStatGra.getContentPane().add(Panel3);
        jfrmStatGra.getContentPane().add(Panel4);
        jfrmStatGra.setVisible(true);
    }

}
```

（2）StatGraTab.java

该类主要实现的是用户通过课程编号、成绩等级、考试类型等条件来查询学生成绩等条件查询出来的学生成绩的结果展示功能，如图 8.29 所示。

图 8.29 统计学生成绩信息结果

具体代码如下：

```java
import java.awt.*;
import javax.swing.*;
public class StatGraTab {
    String[] jgratabcol = {"学生学号","课程号","授课教师编号","考试成绩","考试类别"};
//定义一个字符串数组
    String[][] jgratabdata;
    public StatGraTab() {
    }
    public void stugraStat(String strsubid,String strGradLev,String strexakind){
        JFrame jfrmQueryStu = new JFrame("统计学生成绩信息");//建立一个带有标题的
                                                            框架
        jfrmQueryStu.setSize(500,400); //设置框架窗体的大小
        //设置运行位置
        Dimension screenSize = Toolkit.getDefaultToolkit().getScreenSize();
        jfrmQueryStu.setLocation( (int) (screenSize.width - 400) / 2 ,
                        (int) (screenSize.height - 300) / 2 +45);
        ExaInfoDB eid = new ExaInfoDB();
        jgratabdata = eid.statexaQry(strsubid,strGradLev,strexakind);
        if(jgratabdata! = null){
            JTable jtab1 = new JTable(jgratabdata,jgratabcol); //生成一个带有数
                                                                据内容的表格
            JScrollPane jsp = new JScrollPane(jtab1); //生成一个面板容器,把JTable
                                                       添加到面板中
            jfrmQueryStu.getContentPane().add(jsp, BorderLayout.CENTER);
            jfrmQueryStu.setVisible(true);
        }
    }
}
```

（3）StatScoInfo.java

该类主要实现的是"查询学生学分信息"界面（如图 8.30 所示）的功能，用户可以通过学分级别、课程类型等条件来查询学生所修学分的相关情况。

图 8.30 "查询学生学分信息"界面

具体代码如下：

```java
//查询学生学分信息的类
import java.awt.*;
import java.awt.event.*;
import javax.swing.*;
public class StatScoInfo {
    public StatScoInfo() {
        final JFrame jfrmScoInfo = new JFrame("查询学生学分信息");//建立一个带有标
                                                                   题的框架
        jfrmScoInfo.setSize(500,180); //设置框架窗体的大小
        //设置运行位置
        Dimension screenSize = Toolkit.getDefaultToolkit().getScreenSize();
        jfrmScoInfo.setLocation( (int) (screenSize.width - 400) / 2 ,
                         (int) (screenSize.height - 300) / 2 +45);
        JPanel Panel1 = new JPanel();
        JLabel jLblScoLev = new JLabel("学分等级: ");//按级别统计
        jLblScoLev.setFont(new Font("Dialog",0,12));
        String [] ScoLev = {"修满学分","未修满学分"};
        final JComboBox jcmbScoLev = new JComboBox(ScoLev);//
        jcmbScoLev.setPreferredSize(new Dimension(156,20));
        Panel1.add(jLblScoLev);
        Panel1.add(jcmbScoLev);
        JPanel Panel2 = new JPanel();
        JLabel jLbltype = new JLabel("课程类型: ");//课程类型,分为必修、选修
        jLbltype.setFont(new Font("Dialog",0,12));
        String [] subtype = {"必修","选修"};
        final JComboBox jcmbtype = new JComboBox(subtype);
        jcmbtype.setPreferredSize(new Dimension(156,20));
        Panel2.add(jLbltype);
```

```
            Panel2.add(jcmbtype);
            JPanel Panel3 = new JPanel();
            final JButton jbtok = new JButton("确定");
            jbtok.setFont(new Font("Dialog",0,12));
            final JButton jbtexit = new JButton("退出");
            jbtexit.setFont(new Font("Dialog",0,12));
            Panel3.add(jbtok);
            Panel3.add(jbtexit);
            ActionListener a = new ActionListener() {
                public void actionPerformed(ActionEvent e) {
                    if(e.getSource()== jbtok){ //
                        StatScoTab sst = new StatScoTab();
                        sst.scoidStat((String)jcmbScoLev.getSelectedItem(),
(String)jcmbtype.getSelectedItem());        //学生课程表
                    }
                    if(e.getSource()== jbtexit){//
                        jfrmScoInfo.dispose();
                    }
                }
            };
            //添加事件侦听
            jbtok.addActionListener(a);
            jbtexit.addActionListener(a);
            jfrmScoInfo.getContentPane().setLayout(new GridLayout(3,1));
            jfrmScoInfo.getContentPane().add(Panel1);
            jfrmScoInfo.getContentPane().add(Panel2);
            jfrmScoInfo.getContentPane().add(Panel3);
            jfrmScoInfo.setVisible(true);
    }
}
```

（4）StatScoTab.java

该类主要实现的是用户通过学分级别、课程类型等条件查询出来的学生学分的结果展示功能，如图 8.31 所示。

图 8.31 "学分统计信息"结果

具体代码如下：
```
import java.awt.BorderLayout;
```

```java
import java.awt.Dimension;
import java.awt.Toolkit;
import javax.swing.*;
public class StatScoTab {
    String[] jsubtabcol = {"学生学号","考试类型","获得学分"};//定义一个字符串数组
    String[][] jsubtabdata = null;
    public StatScoTab() {
    }
    public void scoidStat(String strscoLev,String strsubtype){
        JFrame jfrmQueryStu = new JFrame("学分统计信息");//建立一个带有标题的框架
        jfrmQueryStu.setSize(500,400);  //设置框架窗体的大小
         //设置运行位置
        Dimension screenSize = Toolkit.getDefaultToolkit().getScreenSize();
        jfrmQueryStu.setLocation( (int) (screenSize.width - 400) / 2 ,
                        (int) (screenSize.height - 300) / 2 +45);
        ExaInfoDB eid = new ExaInfoDB();
        jsubtabdata = eid.exascoStat(strscoLev,strsubtype);
        JTable jtab1 = new JTable(jsubtabdata,jsubtabcol); //生成一个带有数据内
                                                            容的表格
        JScrollPane jsp = new JScrollPane(jtab1); //生成一个面板容器,把JTable添
                                                    加到面板中
        jfrmQueryStu.getContentPane( ).add(jsp, BorderLayout.CENTER);
        jfrmQueryStu.setVisible(true);
    }
}
```

### 7. 系统管理模块

系统管理模块包括系统配置和退出系统两个部分。主要能够实现对系统配置的设定和控制系统退出两方面的功能,如图 8.32 所示。

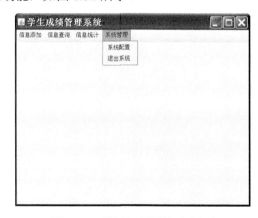

图 8.32　系统管理模块运行界面

（1）MgerConfInfo.java

该类主要实现的是"系统配置信息"界面（如图 8.33 所示）的功能，用户可以灵活地设定学分修满标准，从而便于对学生所修学分情况的统计分析。

图 8.33 "系统配置信息"界面

具体代码如下：

```java
import java.awt.Dimension;
import java.awt.Font;
import java.awt.GridLayout;
import java.awt.Toolkit;
import java.awt.event.*;
import javax.swing.*;
//系统配置信息子类
public class MgerConfInfo {
    public MgerConfInfo() {
        final JFrame jfrmMgerConf = new JFrame("系统配置信息");//建立一个带有标题
                                                              的框架
        jfrmMgerConf.setSize(500,180); //设置框架窗体的大小
        //设置运行位置
        Dimension screenSize = Toolkit.getDefaultToolkit().getScreenSize();
        jfrmMgerConf.setLocation( (int) (screenSize.width - 400) / 2 ,
                          (int) (screenSize.height - 300) / 2 +45);
        JPanel Panel1 = new JPanel();
        JLabel jLblScoLev = new JLabel("设定学分修满标准: ");//按级别统计
        jLblScoLev.setFont(new Font("Dialog",0,12));
        Panel1.add(jLblScoLev);
        JPanel Panel2 = new JPanel();
        JLabel jLblScoLevB = new JLabel("修满学分最低值为: ");
        jLblScoLevB.setFont(new Font("Dialog",0,12));
        final JTextField jTxtScoLev = new JTextField(6);
        ConfInfoDB cid = new ConfInfoDB();
        jTxtScoLev.setText(""+cid.GetScoLev());
        jTxtScoLev.setEditable(false);
        Panel2.add(jLblScoLevB);
```

```java
        Panel2.add(jTxtScoLev);
        JPanel Panel3 = new JPanel();
        final JButton jbtedit = new JButton("重置");
        jbtedit.setFont(new Font("Dialog",0,12));
        final JButton jbtok = new JButton("确定");
        jbtok.setFont(new Font("Dialog",0,12));
        final JButton jbtexit = new JButton("退出");
        jbtexit.setFont(new Font("Dialog",0,12));
        Panel3.add(jbtedit);
        Panel3.add(jbtok);
        Panel3.add(jbtexit);
        ActionListener a = new ActionListener() {
            public void actionPerformed(ActionEvent e) {
             if(e.getSource()== jbtedit){ //
                    jTxtScoLev.setEditable(true);
                }
              if(e.getSource()== jbtok){ //
                   //系统配置表
                   ConfInfoDB cid = new ConfInfoDB();
                   cid.IntScoLev(jTxtScoLev.getText());
               }
              if(e.getSource()== jbtexit){//
                   jfrmMgerConf.dispose();
               }

            }
        };
        //添加事件侦听
        jbtedit.addActionListener(a);
        jbtok.addActionListener(a);
        jbtexit.addActionListener(a);
        jfrmMgerConf.getContentPane().setLayout(new GridLayout(3,1));
        jfrmMgerConf.getContentPane().add(Panel1);
        jfrmMgerConf.getContentPane().add(Panel2);
        jfrmMgerConf.getContentPane().add(Panel3);
        jfrmMgerConf.setVisible(true);
    }
}
```

## 8.5 上机练习

**练习1** 编写一个 JDBC 程序访问 Access 数据库,在 student 库中,建立一个新表,表名为 ForeignStu,表中包括字段 number、name、age、country、score,并且用 insert 语句在表中插入 5 条学生信息。

**练习2** 编写一个 JDBC 程序,从练习 1 的 ForeignStu 表中查询每个年龄大于 24 岁的同学的学号、名字和成绩。

## 8.6 参考答案

**练习 1 参考答案:**

```java
import java.sql.*;
public class ExecDBCreate {
    public static void main(String[] args) {
        //创建指定数据库的URL,stu是建立的ODBC数据源
        String url = "jdbc:odbc:stu";
        try{
            //加载jdbc-odbc bridge 驱动程序
            Class.forName("sun.jdbc.odbc.JdbcOdbcDriver");
            //创建连接
            //其中被访问数据的数据库用户名和用户口令都为空
            Connection con = DriverManager.getConnection(url," "," ");
            Statement stmt = con.createStatement();
            stmt.executeUpdate("CREATE TABLE ForeignStu " +
"(num VARCHAR(32), name VARCHAR(32), age INTEGER, " +
"country VARCHAR(32), score INTEGER)");
            //在表中插入 5 条学生信息
            stmt.executeUpdate( "INSERT INTO ForeignStu " +
"VALUES ( '01', 'Peter', 23, 'America', 80)");
            stmt.executeUpdate( "INSERT INTO ForeignStu " +
"VALUES ( '02', 'Mike', 24, 'Japan', 94)");
            stmt.executeUpdate( "INSERT INTO ForeignStu " +
"VALUES ( '03', 'John', 22, 'England', 83)");
            stmt.executeUpdate( "INSERT INTO ForeignStu " +
"VALUES ( '04', 'Hehen', 25, 'America', 92)");
            stmt.executeUpdate( "INSERT INTO ForeignStu " +
```

```
"VALUES ( '05', 'Smith', 20, 'Africa', 85)");
            //关闭stmt
            stmt.close();
            //关闭连接
            con.close();
        }
        catch(java.lang.Exception ex){
            ex.printStackTrace();
        }
    }
}
```

程序运行结果是在 student 库中多了一个 ForeignStu 数据表,并且表中有 5 条记录,如图 8.34 所示。

图 8.34  ForeignStu 数据表

**练习 2 参考答案:**

```
import java.sql.*;
public class ExecQuery {
    public static void main(String[] args) {
        //创建指定数据库的URL,stu是建立的ODBC数据源
        String url = "jdbc:odbc:stu";
        try{
            //加载jdbc-odbc bridge 驱动程序
            Class.forName("sun.jdbc.odbc.JdbcOdbcDriver");
            //创建连接
            //其中被访问数据的数据库用户名和用户口令都为空
            Connection con = DriverManager.getConnection(url," "," ");
            //创建一个Statement对象
            Statement stmt = con.createStatement();
            //写SQL语句,执行查询,返回结果集
            ResultSet rs = stmt.executeQuery(" select num,name,age,score from ForeignStu where age >= 24 ");
            while(rs.next()){
                String str_number = rs.getString("num");
```

```
                String str_name = rs.getString("name");
                String str_score = rs.getString("score");
                System.out.println("年龄大于24岁的同学的学号、名字和成绩:"+
str_number+","+str_name+","+str_score);
            }
            //关闭rs
            rs.close();
            //关闭 stmt
            stmt.close();
            //关闭连接
            con.close();
        }
        catch(java.lang.Exception ex){
            ex.printStackTrace();
        }
    }
}
```

程序运行结果如图 8.35 所示，即查询出了年龄大于或等于 24 岁的同学的相关信息。

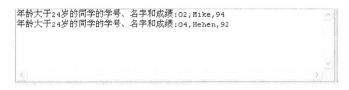

图 8.35  程序查询结果

# 第 9 章 Java 的输入和输出类

Java 中的输入和输出是通过 Java.io 类库来实现的。Java 提供了很多由 Java.io 类库中的 InputStream 和 OutputStream 两个抽象类派生出来的流类来解决实际的输入输出问题。Java 分别定义了读取字节型数据的流类和读取字符型数据的流类。

Java 的 java.lang.System 中还提供了 System.in（从键盘输入）、System.out（输出到显示器等）等标准输入输出流。下面重点介绍几种常用的输入和输出类。

## 9.1 面向字节型的流类

面向字节的流类可以实现 java.io.InputStream 接口或 java.io.OutputStream 接口。在面向字节的流类中，它提供了管理流的信息类，同时包括很多从流中读取数据、查明流中多少可用数据、前进到流中的新位置以及关闭流等功能。

下面来看 InputStream 和 OutputStream 类的层次结构，如图 9.1 所示。

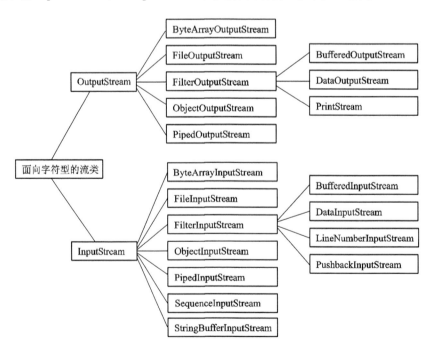

图 9.1 InputStream 和 OutputStream 类的层次结构

下面几节重点介绍 DataInputStream、DataOutputStream、BufferedInputStream、BufferedOutputStream 类。

## 9.1.1 DataInputStream 类和 DataOutputStream 类

DataInputStream 类和 DataOutputStream 类用于进行与操作系统类型无关的数据输入输出操作。

**1. DataInputStream 类的继承关系**

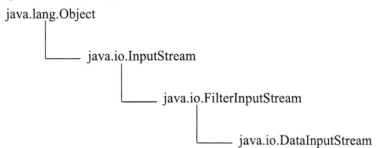

（1）DataInputStream 类的构造函数
`DataInputStream(InputStream in)`
使用指定的基础 InputStream 建立一个 DataInputStream。
（2）DataInputStream 类的常用方法
**int** read(**byte**[] b)
读取输入流若干字节，存入到字节数组中。
**int** read(**byte**[]b,**int** off,**int** len)
读取输入流 len 个字节读入一个字节数组中。
**boolean** readBoolean()
读取一个输入字节。如这个字节不是零，返回 true，如是零，返回 false。
String readLine()
从输入流中读取一行文本。
**float** readFloat()
读取两个输入字节，并返回一个 float 值。

**2. DataOutputStream 类的继承关系**

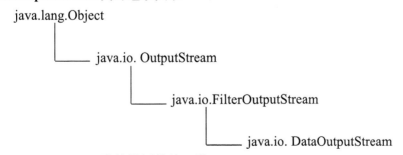

（1）DataOutputStream 类的常用构造函数
`DataOutputStream(OutputStream Out)`
建立一个数据输出流，并将数据写入指定的基础输出流 Out 中。

（2）DataOutputStream 类的常用方法

**void** write(**byte**[]b,**int** off,**int** len)

将指定字节数组中 len 个字节写到基础输出流中。

**void** writeChars(String s)

将字符串按字符的顺序写入到基础输出流中。

**void** flush()

清空数据输出流。

**int** size()

返回写入该数据输出流的字节数。

（3）使用 DataInputStream 类和 DataOutputStream 类的例子

例 9.1：

```java
import java.io.*;
public class IODIOputStm {
    public static void main(String[] args) throws IOException {
        DataOutputStream out = new DataOutputStream(new FileOutputStream("fruit.dat"));
        int[] intnumber = {20,40,50,60,75};
        String[] strfruit = {
        "苹果","桔子","李子","栗子","梨子"};
        //数据输出
        for (int i = 0;i< intnumber.length;i++){
           out.writeInt(intnumber[i]);
           out.writeChar('\t');
           out.writeUTF(strfruit[i]);
           out.writeChar('\n');
        }
        //关闭数据输出流
        out.close();
        int intnum;
        String strfru;
        DataInputStream in = new DataInputStream(new FileInputStream("fruit.dat"));
          //利用数据输入流读文件内容
         try{
                System.out.println("您定的水果清单如下：");
                while(true){
                    intnum = in.readInt();
                    in.readChar();
                    strfru = in.readUTF();
```

```
                System.out.print(strfru+" "+intnum+" 公斤");
                System.out.println();
                in.readChar();
            }
        }
        catch(IOException e){}
        in.close();
    }
}
```

程序运行结果如图 9.2 所示。

图 9.2　程序运行结果

## 9.1.2　BufferedInputStream 类和 BufferedOutputStream 类

BufferedInputStream 和 BufferedOutStream 是缓冲区数据输入输出类，用于提高系统数据处理速度。

**1. BufferednputStream 类的继承关系**

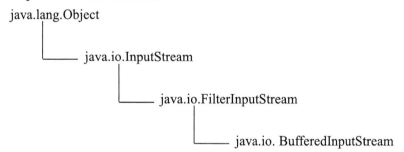

（1）BufferedInputStream 类的构造函数
`BufferedInputStream(InputStream in)`
建立一个 BufferedInputStream 类，并保存输入流 in。
`BufferedInputStream(InputStream in, int size)`
建立一个有指定缓冲区大小的 BufferedInputStream，并保存输入流 in。
（2）BufferedInputStream 类的常用方法
`protected byte[] buf`
存储数据的内部缓冲区数组。
`protected int pos`

缓冲区中的当前位置。

（3）BufferedInputStream 类的常用生成方法

```
FileInputStream fis = new FileInputStream("filename");
InputStream is = new BufferedInputStream(fis);
```

**2. BufferedOutputStream 类的继承关系**

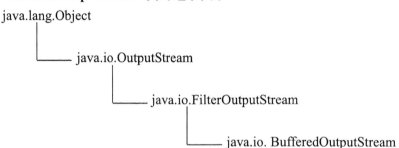

（1）BufferedOutputStream 类的构造函数

`BufferedOutputStream(OutputStream Out)`

建立一个新的缓冲输入流，将数据写入指定的输出流。

`BufferedOutputStream(OutputStream in, int size)`

建立一个新的缓冲输入流，将指定大小的数据写入指定的输出流。

（2）BufferedOutputStream 类的常用方法

**protected byte**[] buf

返回存储数据的内部缓冲区的字节数组。

**protected int** count

返回存储数据的缓冲区中的有效字节数。

只要使用下面的程序，就可以用类 BufferedOutputStream 来为输出数据流加上缓冲区：

```
FileOutputStream fos = new FileOutputStream(filename");
OutputStream os = new BufferedOutputStream(fos);
```

（3）使用 BufferedInputStream 类和 BufferedOutputStream 类的例子

例 9.2：

```java
import java.io.*;
public class IOBIOputStm {
    public static void main(String[] args) throws IOException {
        FileOutputStream fos = new FileOutputStream("fruit_bak.dat");
        FileInputStream fis = new FileInputStream("fruit.dat");
        BufferedOutputStream bos = new BufferedOutputStream(fos);
        BufferedInputStream bis = new BufferedInputStream(fis);
        int b = -1;
        while((b = bis.read()) != -1){   //利用数据输入流读文件
            bos.write(b);   //利用数据输出流写文件
        }
        bis.close();//关闭数据输入流
```

```
            bos.close();//关闭数据输出流
    }
}
```
程序运行后，生成了 fruit.dat 文件的一个备份文件，名称为 fruit_bak.dat。

## 9.2 面向字符型的流类

InputStream 和 OutputStream 读取字符流的类是通过 java.io.Reader 和 java.io.Writer 类及其子类完成的。图 9.3 列出了 Reader 类和 Writer 类的层次结构。

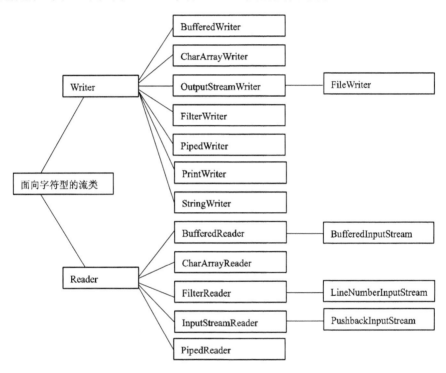

图 9.3 Reader 类和 Writer 类的层次结构

下面重点介绍 Reader 类中的 BufferedReader、BufferedWriter、FilterReader、FilterWriter、PrintWriter 类。

### 9.2.1 BufferedReader 类和 BufferedWriter 类

与 BufferedInputStream 和 BufferedOutputStream 类似，字符 reader 也有一个 BufferedReader 类和一个 BufferedWriter 类。

**1. BufferedReader 类**

BufferedReader 类中为读取字符提供一个非常有用的方法——readLine()，这个方法返回一个新的行，将 String 从流中划分出来。因此可以通过逐行的读取整个流，在后面的例子中我们会用到。

BufferedReader 类的继承关系如下：

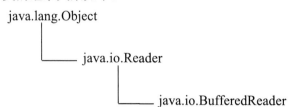

（1）BufferedReader 类的常用构造函数

`BufferedReader(Reader in)`

建立一个使用默认大小输入缓冲区的缓冲字符输入流。

`BufferedReader(Reader in, int size)`

建立一个使用指定大小输入缓冲区的缓冲字符输入流。

（2）BufferedReader 类的常用方法

**public int** read()

读取单个字符。

**public** String readLine()

读取一个文本行。

**public void** close()

关闭该字符流。

### 2. BufferedWriter 类

BufferedWriter 类为了提高效率而使用缓冲区的 Writer 对象。

BufferedWriter 类的继承关系如下：

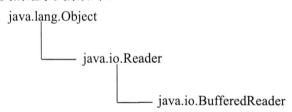

（1）BufferedWriter 类的常用构造函数

`BufferedWriter(Writer out)`

建立一个使用默认大小输出缓冲区的缓冲字符输出流。

`BufferedWriter(Writer out, int size)`

建立一个使用指定大小输出缓冲区的新缓冲字符输出流。

（2）BufferedWriter 类的常用方法

**public void** write(**int** c)

写入单个字符。

**public void** newLine()

写入一个行分隔符。

**public void** flush()

刷新该流的缓冲。

**public void** close()

关闭该字符流。

(3) 使用 BufferedReader 类和 BufferedWriter 类的例子

**例 9.3：**

```java
import java.io.*;
public class IOBufWriter {
    public static void main(String[] args) throws IOException {
        String[] strfurit = {"第一种: 苹果\n",
                "第二种: 桔子\n",
                "第三种: 李子\n",
                "第四种: 栗子\n",
                "第五种: 梨子\n",
        };
        try{
            BufferedWriter bw = new BufferedWriter(new OutputStreamWriter(new FileOutputStream("goodfruit.dat")));
            for(int i = 0;i< strfurit.length;i++){
                bw.write(strfurit[i]);
            }
            bw.close();
            BufferedReader reader = new BufferedReader(new InputStreamReader (new FileInputStream("goodfruit.dat")));
            String str = null;
            System.out.println("最好吃的水果为: ");
            while((str = reader.readLine())! = null){
                System.out.println(str);
            }
            reader.close();
        }
        catch (IOException e) {}
    }
}
```

程序运行结果如图 9.4 所示。

图 9.4　程序运行结果

## 9.2.2 PrintWriter 类

Java 提供了 java.io.Printer 类来输出字符，该类有我们非常熟悉的 print() 和 println() 方法，PrintWriter 类实际上拥有可以把数据作为打印字符串传输到 Writer 目的地的方法。

（1）PrinterWriter 类的常用构造函数

`PrintWriter( Writer out)`

新建一个 PrintWriter，不能自动刷新。

`PrintWriter(Writer out,`**`Boolean`**` b)`

新建一个 PrintWriter，如果参数 b 为 true，则自动刷新缓冲区。

`PrintWriter(OutputStream out)`

通过 OutputStream 新建一个 PrintWriter，不能自动刷新。

`PrintWriter(OutputStream out,`**`Boolean`**` b)`

通过 OutputStream 新建一个 PrintWriter，如果参数 b 为 true，则自动刷新缓冲区。

（2）PrintWriter 类的常用方法

**`void`**` print(String s)`

打印一个字符串。

**`void`**` println(String s)`

打印一个字符串，并且回车换行。

**`void`**` print(`**`int`**` i)`

打印一个整数。

**`void`**` println(`**`int`**` i)`

打印一个整数。

**`boolean`**` checkError()`

判断是否存在格式或输出错误，如果有错误，返回 true。

（3）使用 PrintWriter 类的例子

例 **9.4**：

```java
import java.io.*;
public class IOPriWriter {
    public static void main(String[] args) {
        String content = "Java语言是功能非常强大的高级编程语言！";
        String f = "PrinterWriter.txt";
        try{
            PrintWriter pw = new PrintWriter(new FileWriter(f));
            pw.println(content);
            pw.close();
        }
        catch(IOException e){}
    }
}
```

程序执行后，会生成一个 PrinterWriter.txt 文件，如图 9.5 所示。

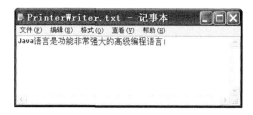

图 9.5 PrinterWriter.txt 文本文件

## 9.3 上 机 练 习

**练习 1** 实现一个类似于 Windows 操作系统记事本的程序。

## 9.4 参 考 答 案

**练习 1 参考答案：**

```java
import java.awt.*;
import javax.swing.*;
import java.io.*;
import java.awt.event.*;
public class SwiEditBook {
    public static void main(String[] args) {
        JFrame jfrm = new JFrame("文本编辑");//建立一个带有标题的框架
        jfrm.setSize(500,400); //设置框架窗体的大小
        JMenuBar jmenubar = new JMenuBar();
        jfrm.setJMenuBar(jmenubar);
        JMenu jmenu = new JMenu("文件");
        final JMenuItem jitemFOpen = new JMenuItem("打开文件");
        final JMenuItem jitemFSave = new JMenuItem("保存文件");
        final JMenuItem jitemFExit = new JMenuItem("退出");
        jmenu.add(jitemFOpen);
        jmenu.add(jitemFSave);
        jmenu.add(jitemFExit);
        jmenubar.add(jmenu);
        final JTextArea textarea = new JTextArea(20,20);
        JScrollPane jSPane = new JScrollPane(textarea);
        jfrm.add(jSPane,BorderLayout.CENTER);
```

```java
        final FileDialog filedialog_save = new FileDialog(jfrm,"保存文件对话框",
FileDialog.SAVE);
        final FileDialog filedialog_open = new FileDialog(jfrm,"打开文件对话框",
FileDialog.LOAD);
        filedialog_save.addWindowListener(new WindowAdapter(){
            public void windowClosing(){
                filedialog_open.setVisible(false);
            }
        });
        ActionListener a = new ActionListener() {
            public void actionPerformed(ActionEvent e) {
                if(e.getSource()== jitemFOpen){
                    filedialog_open.setVisible(true);
                textarea.setText(null);
                String str;
                if(filedialog_open.getFile()!= null){
                    try{
                    File file = new File(filedialog_open.getDirectory(),
filedialog_open.getFile());
                        FileReader file_reader = new FileReader(file);
                        BufferedReader bin = new BufferedReader(file_reader);
                        while((str = bin.readLine())!= null)
                            textarea.append(str+'\n');
                        bin.close();
                        file_reader.close();
                    }
                    catch(IOException e2){}
                }
            }
            if(e.getSource()== jitemFSave){
                filedialog_save.setVisible(true);
                if(filedialog_save.getFile()! = null){
                    try{
                        File file = new File(filedialog_save.getDirectory(),
filedialog_save.getFile());
                        FileWriter tofile = new FileWriter(file);
                        BufferedWriter bout = new BufferedWriter(tofile);
                        bout.write(textarea.getText(),0,(textarea.getText()).
length());
                        bout.flush();
```

```
                    bout.close();
                    tofile.close();
                }
                 catch(IOException e2){}
            }
        }
        if(e.getSource()== jitemFExit){
            System.exit(0);
        }
            }
        };
    jitemFOpen.addActionListener(a);
    jitemFSave.addActionListener(a);
    jitemFExit.addActionListener(a);
    jfrm.setVisible(true);
   }
}
```

程序运行结果如图 9.6 所示，生成了一个能够打开和保存文本的一个小的记事本编辑器。

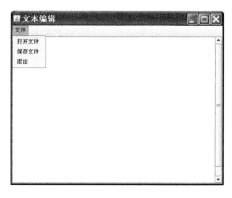

图 9.6　程序运行结果

# 第10章 多线程机制

在计算机编程中，一个基本的概念就是同时对多个任务加以控制，它们要求将问题划分，进入独立运行的程序片断中，使整个程序能更迅速地响应用户的请求。在一个程序中，这些独立运行的片断叫做"线程"。

正如字面上所表述的那样，多线程就是同时有多个线程在执行。在多 CPU 的计算机中，多线程的实现是真正的物理上的同时执行。而对于单 CPU 的计算机而言，实现的只是逻辑上的同时执行。在每个时刻，真正执行的只有一个线程，由操作系统进行线程管理调度，但由于 CPU 的速度很快，让人感到像是多个线程在同时执行。

## 10.1 多 线 程

Java 通过提供 Thread 类来支持多线程，下面会通过具体讲解 Thread 类的实现过程，让大家来实际体会多线程。

### 10.1.1 线程的概念

首先了解一些相关的基本概念。

进程（process）：一般来说，程序的一次执行称为进程。一个进程包括一个程序模块和该模块一次执行时所处理的数据。

线程（thread）：是指进程内部一段可独立执行的有独立控制流的指令序列。

也可以这样理解，把正在计算机中执行的程序称为进程，而把程序代码的执行位置叫做线程，把程序用了多少内存或是打开了多少文件等系统资源的集合称为任务。线程的划分尺度小于进程，使得多线程程序的并发性高，那么一个任务中可以没有线程，因为系统资源可以单独存在，就是即使不用它，它仍然存在；但任何一个线程一定存在于某个任务中，因为代码执行一定会用到资源。

多进程与多线程是多任务的两种类型。Java 通过提供 Package 类（java.lang.package）支持多进程，而提供 Thread 类来支持多线程。多线程的意义在于在一个应用程序中，有多个执行部分可以同时执行。但多进程中，操作系统并没有将多个线程看成多个独立的应用。这也是进程与线程的重要区别。

多线程优点：多线程比多进程更方便于共享资源，而 Java 又提供了一套先进的同步原理解决线程之间的同步问题，使得多线程设计更易发挥作用。

## 10.1.2 线程类

线程类（Thread）是由 Object 类直接派生出来的，在 Java.lang 包中，线程类 Thread 的继承关系如下：

```
java.lang.Object
    └── java.lang.Thread
```

**1. Thread 类的成员变量**

`public final static` in MAX_PRIORITY = 10

线程可设定的最高优先值为 10。

`public final static` in MIN_PRIORITY = 1

线程可设定的最低优先值为 1。

`public final static` in NORM_PRIORITY = 5

线程可设定的正常优先值为 5。

**2. Thread 类比较常用的构造函数**

`public` Thread()

配置一个新的线程对象。

`public` Thread(Runnable target)

配置一个新的线程对象，调用可执行类对象 target 中的 run()方法。

`public` Thread(Runnable target,String name)

配置一个新的线程对象，调用可执行类对象 target 中的 run()方法，并设线程的名称为 name。

`public` Thread(String name)

配置一个新的线程对象，并设线程的名称为 name。

`public` Thread(ThreadGroup group,Runnabe target)

配置一个属于 group 线程组的新的线程对象,调用可执行类对象 target 中的 run()方法。

`public` Thread(ThreadGroup group,Runnabe target,String name)

配置一个属于 group 线程组的新的线程对象,调用可执行类对象 target 中的 run()方法,并设线程的名称为 name。

`public` Thread(ThreadGroup group,String name)

配置一个属于 group 线程组的新的线程对象，并设线程的名称为 name。

**3. Thread 类比较常用的方法**

`public static int` activeCount()

返回在线程群中活动线程的数量。

`public static native` Thread currentThread()

返回目前正在活动的线程。

`public` string getName()

返回线程的名称。

`public int` getPriority()

返回当前线程的优先级。
**public void** setPriority()
设置线程执行的优先级值。
**public** ThreadGroup getThreadGroup()
返回当前线程所属的线程群。
**public void** interrupt()
中断当前线程。
**public static Boolean** interrupted()
返回线程是否被中断运行,是则返回 true,否则返回 false。
**boolean** isInterupted()
返回当前线程是否被中断,是则返回 true,否则返回 false。
**public Boolean** isAlive()
返回线程是否存活,是则返回 true,否则返回 false。
**public** isDaemon()
返回当前线程是否为守护线程,是则返回 true,否则返回 false。
**public void** setDaemon()
设置线程为守护线程。
**public void** setName(String name)
设置线程的名称。
**public void** resume()
恢复线程的运行状态。
**public void** run()
线程启动。
**public void** destroy()
结束线程的运行。
**public static void** sleep(**long** millis)
设置线程睡眠 millis 毫秒。
**public static void** sleep(**long** millis,in nanos)
设置线程睡眠 millis 毫秒加 nanos 微秒。
**public void** start()
启动线程的运行。
**public void** stop()
终止线程的运行。
**public void** suspend()
暂停(挂起)线程。
**public static void** yield()
退出线程执行,将执行权交给其他的线程。

## 10.2 线程的状态

一个完整线程的生命周期大概经历线程建立状态、可执行状态、阻塞状态、死亡状态这 4 个状态。下面详细介绍各种线程状态。

（1）建立状态：当一个线程通过 new Thread() 被创建时，系统还没有为其分配任何资源，这时可调用了 start()方法来启动，进入可执行状态；或是调用 stop()方法进入死亡状态。

（2）可执行状态：由于 start()方法的启动，并配置给予系统资源，进程进入排队等待执行，并且调用 run()方法准备执行。Java 按照优先级的顺序来安排处理等待执行的线程。调用 yield()方法可以将执行权交给其他的线程；通过调用 sleep()、wait()、suspend()等方法时将从可执行状态转成阻塞状态；调用 stop()方法或 run()方法执行完毕进入死亡状态。

（3）阻塞状态：此时线程不仅等待分享处理器资源，而且在等待某个能使它返回可运行状态的事件。调用 suspend()挂起的进程就要等待方法 resume()方可被唤醒；调用 sleep 方法进入休眠的线程，必须等待休眠时间结束后才能进入可执行状态；调用 wait()而休息的必须等候 notify()通知才能进入可执行状态；如果由于输入输出流发生阻塞的情况，那么必须等待输入输出已经完成，才能重新成为可执行的状态。

（4）死亡状态：当调用了 stop()方法或线程执行完毕，则线程进入死亡（dead）状态。
线程的各个状态之间的转换关系如图 10.1 所示。

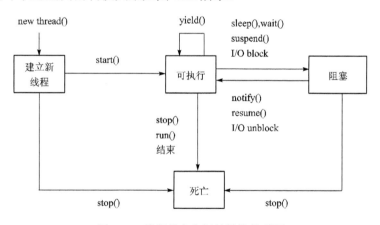

图 10.1　线程状态之间的转换关系图

## 10.3　多线程的实现

在了解线程的基本知识后，下面看看如何在 Java 中创建多线程。前面我们也提到 Java 通过 java.lang.Thread 类来支持多线程，并且在 Thread 类中封装了独立的有关线程执行的数据和方法，并将多线程与面向对象的结构合为一体。

Java 提供了两种方式来实现多线程，一种是继承 Thread 类，另一种则是实现 Runnable

接口。后面通过程序 Threadson.java 和 ThreadGame.java、程序 ThreadRble.java 等来分别说明这两种实现方式。

**1. 继承 Thread 类**

通过继承 Thread 类创建线程比较简单，可以按以下步骤进行：

（1）生成类 Thread 的子类；

（2）在子类中覆盖 run()方法；

（3）生成子类的对象，并且调用 start()方法启动新线程。

程序的一般结构如下：

```java
class MyThread extends Thread{
    MyThread(String name){
        //调用 Thread 类的构造函数
        super(name);
    }
    public void run(){
        //线程执行的内容
    }
}
```

用以下代码创建并执行新线程：

```java
MyThread mthread = new MyThread("mthread")   // mthread 是要创建的新线程名
mthread.start();
```

程序 Threadson.java 说明通过继承 Thread 类方式实现多线程。

**例 10.1：**

```java
import java.lang.Thread;
public class Threadson {
    public static void main(String[] args) {
        //创建了两个线程athread和bthread
        MyThread athread = new MyThread("athread",30);
        MyThread bthread = new MyThread("bthread",60);
        //开始执行线程
        athread.start();
        bthread.start();
        if((athread.isAlive()== false)&&(bthread.isAlive()== false))//两线程均
                                                                     执行完成
            System.exit(0);
    }
}

class MyThread extends Thread{
    int mills;
```

```
    public MyThread(String xthread,int mm){//类MyThread的构造方法
        super(xthread);
        mills = mm;
    }
    public void run(){//重写了类Thread中的方法run(),main()中调用Thread的方法
                      start()后将自动调用此方法
        for(int j = 0;j <= 10;j++){
            System.out.println("I am  "+getName()+" —— I have run "+j+" times.");
            try{
                sleep(mills);
            }
            catch(InterruptedException IE){
            }
        }
    }
}
```

程序运行结果如图 10.2 所示。

```
I am  athread — I have run 0 times.
I am  bthread — I have run 0 times.
I am  athread — I have run 1 times.
I am  athread — I have run 2 times.
I am  bthread — I have run 1 times.
I am  athread — I have run 3 times.
I am  athread — I have run 4 times.
I am  bthread — I have run 2 times.
I am  athread — I have run 5 times.
I am  athread — I have run 6 times.
I am  bthread — I have run 3 times.
I am  athread — I have run 7 times.
I am  athread — I have run 8 times.
I am  bthread — I have run 4 times.
I am  athread — I have run 9 times.
I am  bthread — I have run 5 times.
I am  athread — I have run 10 times.
I am  bthread — I have run 6 times.
I am  bthread — I have run 7 times.
I am  bthread — I have run 8 times.
I am  bthread — I have run 9 times.
I am  bthread — I have run 10 times.
```

图 10.2　程序运行结果

下面是一个利用线程画彩色图形的例子，具体代码如下：

**例 10.2**：

```
import java.awt.*;
import java.applet.Applet;
public class ThreadGame extends Applet{
    int i = 0;
    public void paint(Graphics g){
        i =(i+2)%360;
```

```
            Color c = new Color((3*i)%255,(7*i)%255,(11*i)%255);  //得到颜色值
            g.setColor(c);
            g.fillArc(30,50,120,100,i,2); //画扇形
            g.fillArc(30,152,120,100,i,2);//画扇形
            try{
                Thread.sleep(100);
            }
            catch(Exception e){
            }
            repaint();
        }
        public void update(Graphics g){
            g.clearRect(30,152,120,100); //设定绘图区域
            paint(g);   //绘图
        }
    }
```

程序运行结果如图 10.3 所示。

图 10.3 程序运行结果

### 2. 实现 Runnable 接口

因 Java 的类规定只能继承一个类,所以有些时候当类已经继承了其他类时,比如已经继承了 Applet 类,那么就不能再继承 Thread 类了,此时要使用类 java.lang.Runnable 中的接口 Runnable 来创建线程。

使用接口创建线程程序的一般结构如下:

```
class MyRunThread implements Runnable
{
    public void run()
    {
        //执行操作
    }
}
```

```
//实例化
MyRunThread r = new MyRunThread ();
//创建线程类
Thread mthread = new Thread(r);
//启动线程
mthread.start();
```
那么程序 Threadson.java 的功能，如果利用接口 Runnable 方式来实现，代码如 ThreadRble.java。程序 ThreadRble.java 说明通过利用接口 Runnable 方式实现多线程。

例 10.3：
```
public class ThreadRble {
    public static void main(String[] args) {
        R r1 = new R(30);
        Thread athread = new Thread(r1);
        R r2 = new R(30);
        Thread bthread = new Thread(r2);
        athread.start();
        bthread.start();
        if(athread.isAlive()== false&&bthread.isAlive()== false)//两线程均执行
                                                                              完成
            System.exit(0);
    }
}
class R implements Runnable{
    private int x = 0;
    int mills;
    public R (int mm){//类MyThread的构造方法
        mills = mm;
    }
    public void run(){
        for(int j = 0;j <= 10;j++){
            try{
                Thread.currentThread().sleep(mills);
            }
            catch(InterruptedException IE){
            }
            System.out.println("I am "+Thread.currentThread().getName()+" —— I have run "+j+" times.");
        }
```

```
    }
}
```

程序运行结果如图 10.4 所示。

```
I am Thread-0 — I have run 0 times.
I am Thread-1 — I have run 0 times.
I am Thread-0 — I have run 1 times.
I am Thread-1 — I have run 1 times.
I am Thread-0 — I have run 2 times.
I am Thread-1 — I have run 2 times.
I am Thread-0 — I have run 3 times.
I am Thread-1 — I have run 3 times.
I am Thread-1 — I have run 4 times.
I am Thread-0 — I have run 4 times.
I am Thread-0 — I have run 5 times.
I am Thread-1 — I have run 5 times.
I am Thread-1 — I have run 6 times.
I am Thread-0 — I have run 6 times.
I am Thread-1 — I have run 7 times.
I am Thread-0 — I have run 7 times.
I am Thread-0 — I have run 8 times.
I am Thread-1 — I have run 8 times.
I am Thread-0 — I have run 9 times.
I am Thread-1 — I have run 9 times.
I am Thread-0 — I have run 10 times.
I am Thread-1 — I have run 10 times.
```

图 10.4　程序运行结果

下面再看一个通过利用接口 Runnable 方式实现多线程的例子。

**例 10.4：**

```
import java.applet.Applet;
import java.awt.*;
public class ThreadRound extends Applet implements Runnable {
    Thread left, right;
    Graphics mypen;
    int x, y;
    public void init() {
        left = new Thread(this);
        right = new Thread(this);
        x = 10;
        y = 10;
        mypen = getGraphics();
    }
    public void start() {
        left.start();
        right.start();
    }
    public void run() {
        while (true) {
            if (Thread.currentThread() == left) {
                x = x + 1;
                if (x > 240) {
```

```
                x = 10;
            }
            mypen.setColor(Color.BLUE);
            mypen.clearRect(10, 10, 300, 42);
            mypen.drawRect(10 + x, 10, 40, 40);
            try {
                Thread.sleep(60);
            } catch (Exception e) {

            }
        } else if (Thread.currentThread() == right) {
            y = y + 1;
            if (y > 240) {
                y = 10;
            }
            mypen.setColor(Color.red);
            mypen.clearRect(10, 90, 300, 42);
            mypen.drawOval(10 + y, 90, 40, 40);
            try {
                Thread.sleep(60);
            } catch (Exception e) {
            }
        }
    }
    public void stop() {
        left = null;
        right = null;
    }
}
```

程序的运行结果如图 10.5 所示,这个程序可以理解为左手画正方形和右手画圆形两手同时工作的操作。

图 10.5　程序运行结果

## 10.4 线程同步

由于应用程序可能拥有多个线程同时在执行，每个线程在执行过程中共享相同的资源，因为线程执行的速度无法预知，所以对于共用数据的插入、删除、更新等操作的线程来说，所取得的数据可能不正确。比如，可能 A 线程正在更新，但还没有更新完成，B 线程却把数据取走了，这个时候，数据当然是不对的了。基于以上情形，Java 在多线程应用中，为了保护数据的一致性，提供了自己协调资源的方法，即引入了同步的概念。

Java 通过在方法声明中加入 synchronized 关键字来实现同步的。凡是使用 synchronized 关键字的方法、对象或类数据，在任何一个时刻只能被一个线程使用，以此达到线程同步的目的。

实现线程同步的一般程序结构如下：

```java
public synchronized void Mymethod()
{
    //程序的代码
}
```

下面我们通过程序 Threadson.java 中，在类 SyThread 的方法 operatemethod ()中加入线程同步来说明一下线程同步是如何实现的，具体代码如下：

例 10.5：

```java
import java.lang.Thread;
public class ThreadSync {
    public static void main(String[] args) {
        //创建了两个线程athread和bthread
        SyThread athread = new SyThread("athread",30);
        SyThread bthread = new SyThread("bthread",60);
        //开始执行线程
        athread.start();
        bthread.start();
        if(athread.isAlive()== false&&bthread.isAlive()== false)//两线程均执行
                                                                     完成
            System.exit(0);
    }
}
//类MyThread继承了Thread类
class SyThread extends Thread{
    int mills;
    public SyThread(String xthread,int mm){//类MyThread的构造方法
        super(xthread);
```

```
            mills = mm;
        }
        public synchronized void operatemethod(){
            for(int j = 0;j <= 10;j++)
                System.out.println("I am "+getName()+"— I have run "+j+" times.");
            try{
                sleep(mills);
            }
            catch(InterruptedException IE){
            }
        }
        public void run(){
            operatemethod();
        }
}
```

程序运行结果如图 10.6 所示。

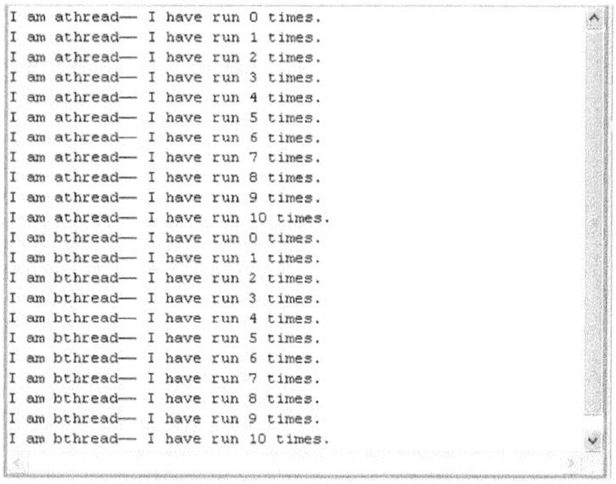

```
I am athread— I have run 0 times.
I am athread— I have run 1 times.
I am athread— I have run 2 times.
I am athread— I have run 3 times.
I am athread— I have run 4 times.
I am athread— I have run 5 times.
I am athread— I have run 6 times.
I am athread— I have run 7 times.
I am athread— I have run 8 times.
I am athread— I have run 9 times.
I am athread— I have run 10 times.
I am bthread— I have run 0 times.
I am bthread— I have run 1 times.
I am bthread— I have run 2 times.
I am bthread— I have run 3 times.
I am bthread— I have run 4 times.
I am bthread— I have run 5 times.
I am bthread— I have run 6 times.
I am bthread— I have run 7 times.
I am bthread— I have run 8 times.
I am bthread— I have run 9 times.
I am bthread— I have run 10 times.
```

图 10.6  程序运行结果

## 10.5  上 机 练 习

**练习 1**  写一个线程的程序，实现用 Thread 的子类创建两个线程，轮流输出字符。

**练习 2**  写一个线程的程序，在 3 个不同的线程中调用同一同步方法。

## 10.6  参 考 答 案

**练习 1 参考答案：**
```
import java.lang.Thread;
```

```java
public class ExecThreSon {
    public static void main(String[] args) {
        //创建了两个线程athread和bthread
        PriThread athread = new PriThread("athread");
        PriThread bthread = new PriThread("bthread");
        //开始执行线程
        athread.setPriority(1);
        bthread.setPriority(5);
        athread.start();
        bthread.start();
        if((athread.isAlive()== false)&&(bthread.isAlive()== false))//两线程均
                                                                    执行完成
            System.exit(0);
    }
}
class PriThread extends Thread{
    int mills;
    public PriThread(String xthread){//类MyThread的构造方法
        super(xthread);
    }
    public void run(){//重写了类Thread中的方法run(),main()中调用Thread的方法
start()后将自动调用此方法
        for(int j = 0;j <= 10;j++){
            System.out.println(""+getName()+"-->"+j);
        }
    }
}
```

程序运行结果如图10.7所示。

图10.7 程序运行结果

**练习 2 参考答案：**

```java
import java.lang.Thread;
public class ExecThreSyns {
    public static void main(String[] args) {
        CalProcess cp = new CalProcess ();
        Threadadd ta1 = new Threadadd (cp,"add");
        Threadadd ta2 = new Threadadd (cp,"add");
        Threaddec td = new Threaddec (cp,"dec");
        ta1.start();
        ta2.start();
        td.start();
    }
}
//同步类
class CalProcess{
    private String calName;
    private float amount;
    public synchronized void caluate(String calName,float amount){
        this.calName = calName;
        this.amount = amount;
        System.out.println(this.calName +" "+this.amount);
    }
}
//增加
class Threadadd extends Thread{
    private CalProcess cpa;
    public Threadadd (CalProcess cp,String name){
        super(name);
        this.cpa = cp;
    }
    public void run(){
        for(int i = 0;i<8;i++)
            cpa.caluate ("add",200);
    }
}
//减少
class Threaddec extends Thread{
    private CalProcess cpd;
    public Threaddec (CalProcess cpd,String name){
```

```
        super(name);
        this.cpd = cpd;
    }
//
    public void run(){
        for(int i = 0;i<8;i++)
            cpd.caluate ("dec",-200);
    }
}
```

程序运行结果如图 10.8 所示。

图 10.8　程序运行结果

# 第11章 Java 网络基础

Java 以网络语言著称，Java 的环境与网络有密不可分的关系，它不但能通过网络传回各个小应用程序来执行，还有能力去取用网络上各种资源和数据，将自己的数据传送到网络的各个角落。这些有关网络的类，都集中在 java.net 程序包里。基于 Java 的网络功能常见的有以下两类：

（1）URL（Uniform Resource Locator，统一资源定位器）

URL 表示的是 Internet 上某一资源的地址。通过 URL 可以访问 Internet 上主机所开放的资源。常见的 URL 类型如下：

```
http://www.bcu.edu.cn:8080/index.html
```

http 表示基于 HTTP 协议，而 www.bcu.edu.cn 表示资源所在地的机器名称，8080 表示通信端口号，index.html 表示文件名称。

（2）Socket（套接字）

Socket 是实现客户机与服务器进行通信的一种机制。在客户机和服务器中，分别创建独立的 Socket，并通过 Socket 的属性，将两个 Socket 进行连接，就可以通信了。

Socket 是基于传输层，它是比较原始的通信协议机制，通信双方只要按双方约定的协议进行数据的格式化和解释即可完成通信，所以 Socket 编程具有很强的应用领域。Socket 可以使用多种通信协议，但主要是 TCP/IP 协议。

## 11.1 URL 类与 URLConnection 类

### 11.1.1 URL 类

Java 中 URL 类的继承关系如下：

```
java.lang.Object
    └── java.net.URL
```

URL 类构造函数都会抛出 MalformedURLException 非运行时异常，所以在生成 URL 对象时必须进行异常处理。

**1. URL 类比较常用的构造函数**

```
URL(String spec)
```

利用 spec 字符串建立一个 URL 类对象。

```
URL(String protocol,String host,String file)
```
利用字符串形式的协议名称、主机名称和待访问的文件名创建 URL 对象。
```
URL(String protocol,String host,int port,String file)
```
利用字符串形式的协议名称、主机名称、端口号和待访问的文件名创建 URL 对象。
```
URL(URL context,String spec)
```
在给定的上下文的 URL 对象中匹配 spec 字符串来创建 URL 对象。

那么根据上面的构造函数的定义形式，可以自己创建一个 URL：
```
try{
    URL sURL = new URL(http,www.bcu.edu.cn,8080,index.html);
}
catch(MalformedURLException e){
    e.printStackTrace();
}
```

**2. URL 类所定义的方法**

`public boolean equals(Object obj)`

判断两个 URL 是否相同，相同则返回 true，否则返回 false。

`public Object getContent()`

取得 URL 连接的内容。

`public String getFile()`

取得 URL 指向的文件名。

`public String getHost()`

取得 URL 访问的主机名称。

`public int getPort()`

取得 URL 访问的端口号。

`public String getProtocol()`

取得 URL 利用的协议名称。

`public String getRef()`

取得 URL 的参考点。

`public InputStream openStream()`

打开数据流。

`public URLConnection openConnection()`

打开 URL 指向的连接。

下面通过程序 UrlOut.java 来说明 URL 类的使用方法，具体代码如下：

**例 11.1：**

```java
import java.net.*;
public class UrlOut {
    public static void main(String[] args) {
        URL url = null;
        try{
```

```
            //建立一个URL类对象
             url = new URL("http://www.bcu.edu.cn:8080/index.html");
        }
        catch(MalformedURLException e){
            System.out.println("error:"+e);
        }
        //输出该URL类对象的相关属性
        System.out.println("Protocol:"+url.getProtocol());
        System.out.println("Host:"+url.getHost());
        System.out.println("Port:"+url.getPort());
        System.out.println("File:"+url.getFile());
    }
}
```

程序运行结果如图 11.1 所示，即输出了该 URL 类对象的相关属性的值。

图 11.1　程序运行结果

接下来通过下面的程序 UrlReadWrite.java 来详细说明一下通过 URL 的输入输出流能够实现对 URL 指定文件的读写，具体代码如下：

**例 11.2**：

```
import java.io.*;
import java.net.*;
public class UrlReadWrite {
    public static void main(String[] args) throws IOException {
        URL url = null;
        try{
            //建立一个URL类对象
            url = new URL("http://www.bcu.edu.cn");
            //打开URL数据流
            BufferedReader in = new BufferedReader(new InputStreamReader(url.openStream()));
            String str;
            //读数据流输出
            while((str = in.readLine())! = null)
```

```
            System.out.println(str);
        in.close();
    }
    catch(MalformedURLException e){
        System.out.println("error:"+e);
    }
}
}
```

程序运行结果如图 11.2 所示，得到 http://www.bcu.edu.cn 页面的内容。

图 11.2　程序运行结果

## 11.1.2　URLConnection 类

URLConnection 类是一个抽象类，是应用程序与 URL 间连接所必须用到的类。URLConnection 类的对象可用于 URL 读取或写入 URL 操作。在 java.net 包中只有抽象的 URLConnection 类，其中的许多方法也是受保护的，这些方法只可以被 URLConnection 类及其子类访问。构造函数在非法的语法情况下会抛出 MalformedURLException 异常，所以也必须要做异常处理。

**1. URLConnection 类的构造函数**

**protected** URLConnection(URL url)

建立一个 URLConnection 与 url 的连接。

**2. URLConnection 类比较常用的操作方法**

**public** int getContentLength()

获得 URLConnection 对象长度。

**public** String getContentType()

获得 URLConnection 对象类型。

**public** long getDate()

获得 URLConnection 对象创建的时间，从 1970/1/1 0:0:0 起的秒数，不知日期返回 0。

**public** long getLastModfied()

获得 URLConnection 对象上一次修改的时间。
**public** InputStream getInputStream()
获得 URLConnection 对象所开启的输入数据流。
**public** OutputStream getOutputStream()
获得 URLConnection 对象所开启的输出数据流。
**public** URL getURL()
返回 URLConnection 对象的 URL 值。

总之，可以通过 URL 与 URLConnection 这两个比较常见的类来访问 Internet 上的远程资源。

下面通过程序 UrlConnRW.java 来说明如何通过 URLConnection 来实现对 URL 指定文件的读写操作，具体代码如下：

**例 11.3**：

```java
import java.io.*;
import java.net.*;
public class UrlConnRW {
    public static void main(String[] args) throws IOException {
        URL url = null;
        try{
            //生成一个URL类对象
            url = new URL("http://www.bcu.edu.cn");
            //打开URL指向的连接
            URLConnection urlconn = url.openConnection();
            //获得URLConnection对象所开启的输入数据流
            BufferedReader in = new BufferedReader(
            new InputStreamReader(urlconn.getInputStream()));
            String str;
            while((str = in.readLine())! = null)
                //输出
                System.out.println(str);
                in.close();
        }
        catch(MalformedURLException e){
            System.out.println("error:"+e);
        }
    }
}
```

程序运行结果如图 11.3 所示。

```
<!DOCTYPE html PUBLIC "-//W3C//DTD XHTML 1.0 Transitional//EN" "ht
<html xmlns="http://www.w3.org/1999/xhtml" lang="gb2312">
<head>
<meta http-equiv="Content-Type" content="text/html; charset=gb2312
<meta http-equiv="Content-Language" content="gb2312" />
<meta content="all" name="robots" />
<meta name="author" content="shengang@bcu.edu.cn,北京城市学院,北京圳
<meta name="Copyright" content="www.bcu.edu.cn,未经许可,不得转载" /
<meta name="description" content="民办教育,北京城市学院, 北京城市大
<meta content="民办教育,城市,本科,招考,就业,评论,bcu,民办教育,北京城
<meta name="robots" content="index, follow" />
<meta name="googlebot" content="index, follow" />
<script src="js/search.js" language="JavaScript" type="text/javasc

<title>北京城市学院</title>
<!-- 调用样式表 -->
<link rel="stylesheet" rev="stylesheet" href="css/index.css" type=
<!-- 闪屏广告 -->
```

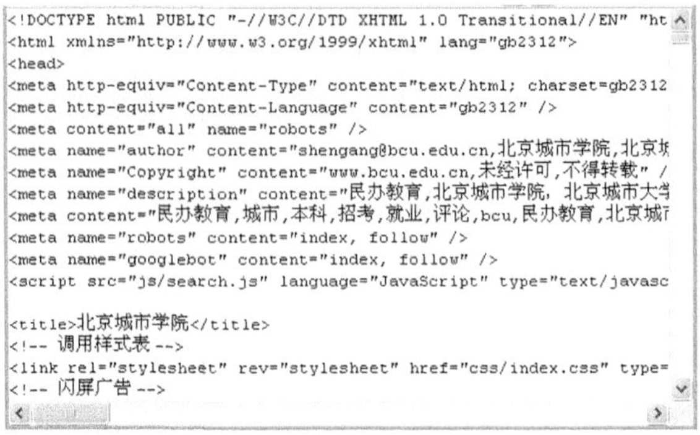

图 11.3　程序运行结果

# 11.2　Socket 通信

Socket 通信的基本结构都是一样的，主要有创建 Socket、打开连接到 Socket 的输入流和输出流、按照一定的协议对 Socket 进行读写操作、关闭 Socket 这 4 个步骤。为了完成通信，java.net 包提供了 Socket 和 ServerSocket 两个类，分别来表示双向连接的客户端和服务端。

## 11.2.1　Socket 通信流程

Socket 机制成功地解决了进程间的通信问题，图 11.4 为典型的基于面向连接的 TCP/IP 协议的 Socket 通信流程。

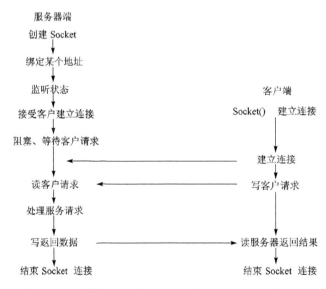

图 11.4　基于面向连接的 TCP/IP 协议的 Socket 通信流程

Socket 通信原理如下：

（1）服务器端过程

服务器端开始启动，并根据请求提供相应服务：

① 打开一通信通道并告知本地主机，同意在某一地址上接收客户请求；
② 等待客户请求到达该端口；
③ 接收服务请求，处理该请求并发送应答信号，服务完成后，关闭此进程与客户通信链路并终止；
④ 继续等待客户请求；
⑤ 关闭服务器。
（2）客户端的通信过程
① 打开一通信通道，并连接到服务器所在主机的特定端口；
② 向服务器发服务请求，等待并接收应答；继续提出请求……
③ 请求结束后关闭通信通道并终止。

### 11.2.2 Socket 类

Java 中 Socket 类的继承关系如下：

```
java.lang.Object
    └── java.net.Socket
```

**1. Socket 类比较常用的构造函数**

**public** Socket(InetAddress address,**int** port)

建立一个客户端的 Socket 类对象，连接到 address 地址的服务端主机，端口号为 port。

**public** Socket(InetAddress address,**int** port,**Boolean** stream)

建立一个客户端的 Socket 类对象，连接到 address 地址的服务端主机，端口号为 port，stream 值若为 true，则为数据流，否则为数据报。

**public** Socket(String host,**int** port)

建立一个客户端的 Socket 类，连接至 host 服务器主机，端口号为 post。

注意：

构造 Socket 类时需要抛出 IOException，即如果创建套接字时出现 I/O 错误，有例外抛出，详见后面的例子。

**2. Socket 类比较常用的方法**

**public void** close()

关闭客户端的 Socket 类对象。

**public** InetAddress getLocalAddress()

取得创建 Socket 连接的计算机 IP 地址。

**public int** getLocalPort()

取得客户端的 Socket 类对象所使用的端口号。

**public** InputStream getInputStream()

取得本客户端的 Socket 类对象的输入数据流。

**public** OutputStream getOutputStream()

取得本客户端的 Socket 类对象的输出数据流。

下面通过程序 SockClient.java 来说明 Socket 客户端程序的编程过程。

**例 11.4：**

```java
import java.io.*;
import java.net.*;
public class SockClient {
    //定义一个Socket对象ssock
    static Socket ssock;
    public static void main(String[] args) throws IOException {
        //建立一个客户端的Socket类对象,
        //连接到地址为127.0.0.1服务端主机（本机），端口号为80
        ssock = new Socket("127.0.0.1",80);
        //定义并创建输入流
        BufferedReader in = new BufferedReader(new InputStreamReader(ssock.getInputStream()));
        //定义并创建输出流
        PrintWriter out = new PrintWriter(ssock.getOutputStream());
        //定义并创建键盘数据流
        BufferedReader wt = new BufferedReader(new InputStreamReader(System.in));
        while(true){
            String line = wt.readLine();
            //将客户端的输入发给服务器
            out.println(line);
            out.flush();
            //如果输入stop退出
            if(line.equals("stop")){
                break;
            }
            System.out.println(in.readLine());
        }
        //关闭socket
        ssock.close();
    }
}
```

程序运行结果如图 11.5 所示，需要提示的是，以下结果是在 Socket 服务器端启动的情况下产生的。客户端正在向服务器端发送信息。

图 11.5　程序运行结果

## 11.2.3 ServerSocket 类

Java 中 ServerSocket 类的继承关系如下：

```
java.lang.Object
    └── java.net.ServerSocket
```

**1. ServerSocket 类比较常用的构造函数**

**public** ServerSocket(**int** port)

在服务器端建立一个新的 ServerSocket 类对象，并在端口 port 上监听。

**public** ServerSocket(**int** port,**int** count)

在服务器端建立一个新的 ServerSocket 类对象，在端口 port 上监听，并且服务器能够支持的最大连接数目是 count。

注意：

构造 ServerSocket 类时也需要抛出 IOException，即如果创建套接字时出现 I/O 错误，有例外抛出，详见后面的例子。

**2. ServerSocket 类比较常用的方法**

**public** Socket accept()

服务器 ServerSocket 对象在指定端口监听客户端的 Socket 对象发起的连接请求，并与之连接。

**public void** close()

关闭服务端的 ServerSocket 类对象。

**public** InetAddress getInetAddress()

取得服务器的 IP 地址，如果返回 null，表示未连接。

**public int** getlocalPort()

取得服务器所监听的端口号。

下面通过程序 SockServer.java 来说明 Socket 服务器端程序 ServerSocket 类的编程过程。

**例 11.5：**

```java
import java.io.*;
import java.net.*;
public class SockServer {
    public static void main(String[] args) throws IOException {
        //建立一个服务端的ServerSocket类对象,使用80端口
        ServerSocket ssock = new ServerSocket(80);
        //监听客户端的Socket对象发起的连接请求并与之连接
        Socket csock = ssock.accept();
        //定义并创建输入流
        BufferedReader in = new BufferedReader(new InputStreamReader
(csock.getInputStream()));
        //定义并创建输出流
```

```
            PrintWriter out = new PrintWriter(csock.getOutputStream());
            while(true){
                String line = in.readLine();
                System.out.println(line);
                ///将"Server has received your information"发给客户器
                out.println("Server has received your information");
                out.flush();
                //如果输入"stop"退出
                if(line.equals("stop"))
                    break;
            }
            //关闭Socket
            csock.close();
        }
    }
```

程序运行结果如图 11.6 所示,接收到了客户端发来的信息。

图 11.6　程序运行结果

总之,Socket 通信客户端通过 Socket 类实现,服务器端通过 ServerSocket 类来实现,通过以上 SockClient.java、SockServer.java 程序,就已经了解了 Socket 通信的全过程。

## 11.3　上机练习

**练习 1**　编写一个程序,从 http://java.sun.com 站点中下载 HTML 代码。

**练习 2**　编写一个 Socket 通信程序,使得一个服务器程序能够同时收到多个客户端程序的请求,结合第 10 章多线程机制内容,要求服务器端通过多线程来实现。

## 11.4　参 考 答 案

**练习 1 参考答案:**
```
import java.io.*;
import java.net.*;
public class ExecUrlConn {
```

```java
public static void main(String[] args) throws IOException {
    URL url = null;
    try{
        url = new URL("http://java.sun.com");
        URLConnection urlconn = url.openConnection();
        BufferedReader in = new BufferedReader(
            new InputStreamReader(urlconn.getInputStream()));
        String str;
        while((str = in.readLine())! = null)
            System.out.println(str);
            in.close();
    }
    catch(MalformedURLException e){
        System.out.println("error:"+e);
    }
}
```

程序运行结果如图 11.7 所示，即得到了该网站页面的 HTML 源代码。

图 11.7　程序运行结果

**练习 2 参考答案：**

```java
import java.io.*;
import java.net.*;
public class Execserver extends Thread{
    public final static int DEFAPORT = 1501; //定义将要使用的端口号
    protected int port;
    protected ServerSocket serversocket;
    public static void err(Exception e,String msg){
        System.out.println("err = "+msg+":"+e);
        System.exit(1);
    }
    public Execserver(int port){
```

```java
        if (port == 0)
                port = DEFAPORT;
        this.port = port;
        try {serversocket = new ServerSocket(port);}
        catch (IOException e){
                err(e,"Exception creating serversocket");
          }
        System.out.println("Server:listening on port "+port);
        this.start();
    }
    public void run(){
        try{
            while(true){
                Socket socket = serversocket.accept();
                Connect connect = new Connect(socket);
            }
        }
        catch (IOException e){
              err(e,"Listening for connections exception.");
           }
    }
    //主程序
    public static void main(String[] args) throws IOException {
        int port = 0;
        if (args.length == 1){
            try {port = Integer.parseInt(args[0]);
              }
            catch(NumberFormatException e){port = 0;}
         }
        new Execserver(port);
    }
 }
class Connect extends Thread{
    protected Socket client;
    protected DataInputStream sin;
    protected PrintStream sout;
    public Connect(Socket socket){
        client = socket;
        try{
            sin = new DataInputStream(client.getInputStream());
```

```
            sout = new PrintStream(client.getOutputStream());
        }
        catch(IOException e){
            try {
                    client.close();
             }
             catch(IOException e2) {};
                 System.err.println("get socket streams err:"+e);
        }
        this.start();
    }
    public void run(){
        String line,retline;
        try{
            for(;;){
                line = sin.readLine();
                if (line == null) break;
                if (line!= null)
                    System.out.print(line);
            }
        }
        catch(IOException e){}
        finally{
            try {
                 client.close();
            }
             catch(IOException e){}
        }
    }
}
```

程序运行结果如图 11.8 所示，即显示服务器已经启动，正在监听 1501 端口，并且接收到了客户端所发来的字符串信息 "success"。

图 11.8　程序运行结果

客户端程序如下：

```java
import java.io.*;
import java.net.*;
import java.sql.SQLException;
import java.util.*;
import org.xml.sax.InputSource;
public class ExecClient {
    InputSource is;
    public final static int DEFAPORT = 1501;
    public void usage(){
        System.out.println("java client <hostname> [<port>]");
        System.exit(0);
    }
    public void javaclient(String ipstr,String portstr,String outputstr){
        String arg[]= new String[2];
        arg[0] = ipstr;
        arg[1] = portstr;
        int port = DEFAPORT;
        Socket socket = null;
        if ((arg.length! = 1)&&(arg.length! = 2)) usage();
        if (arg.length == 1) port = DEFAPORT;
        else{
            try {
                port = Integer.parseInt(arg[1]);
            }
            catch(NumberFormatException e) {usage();}
        }
        try {
            socket = new Socket(arg[0],port);
            DataInputStream socketinput = new DataInputStream (socket.getInputStream());
            PrintStream socketoutput = new PrintStream (socket.getOutputStream());
            DataInputStream keyboard = new DataInputStream(System.in);
            System.out.println("Connected to "+socket.getInetAddress()+":"+socket.getPort());
            String line;
            while(true){
                System.out.print("client>>");
```

```
                System.out.flush();
                line = outputstr;
                System.out.println(line);
                if (line == null) break;
                    socketoutput.print(line);
                break;
            }
        }
        catch (IOException e) {System.err.println(e);}
        finally {
            try {if (socket! = null) socket.close();}
            catch (IOException e2) {;}
        }
    }
    //主程序
    public static void main(String[] args) throws SQLException {
        try{
            ExecClient dd = new ExecClient();
            dd.javaclient("127.0.0.1","1501","success");
        }
        catch(Exception e) {
            System.err.println(e);
        }
    }
}
```

程序运行结果如图 11.9 所示，以下结果是在客户端连接的服务器已经启动的情况下呈现的。即显示同服务器端建立了连接，并且向服务器端发送字符串"success"。

图 11.9　程序运行结果

# 参 考 文 献

1. 耿祥义，张跃平.Java 2 实用教程（第三版）.北京：清华大学出版社，2006.
2. 飞思科技产品研发中心.Java 2 应用开发指南.北京：电子工业出版社，2002.
3. 林烟桂.Java 语言程序设计.武汉：华中理工大学出版社，1997.
4. 王国辉，吕海涛，李钟尉.Java 数据库系统开发案例精选.北京：人民邮电出版社，2007.
5. 张广彬，孟红蕊，张永宝.Java 课程设计案例精编.北京：清华大学出版社，2007.
6. Cay S.Horstmann，Gary Cornell 著.Java 2 核心技术第一卷.叶乃文等译.北京：机械工业出版社，2006.
7. 张利国.Java 实用案例教程.北京：清华大学出版社，2003.
8. 辛运帏.Java 程序设计.北京：清华大学出版社，2006.
9. 邵丽萍，邵光亚，张后扬.Java 语言程序设计.北京：清华大学出版社，2008.